JN276486

苦手でも あきらめない 数学

和田式合格カリキュラム

緑鐵受験指導ゼミナール・精神科医
和田秀樹

授業がわからなくても点が取れる勉強法

瀬谷出版

はじめに

苦手な数学をあきらめる前に

　高校生に苦手教科を聞くアンケートでは、数学が他の教科を大きく引き離してのワースト第1位、その割合は40～60パーセントに達している。

　「授業についていけない」「テストで点が取れない」「勉強しているのに伸びない」……。苦手になった理由もほぼ共通している。特に、「授業がわからない」ことが苦手意識を植え付ける決定打になっているようだ。

　しかし、数学には「苦手でもなんとかなる」「授業がわからなくても点が取れる」という側面がある。多くの人は、残念ながらそのことに気づく前に数学をあきらめてしまう。数学が苦手というだけで、将来の進路や可能性を狭めてしまう。こんなにもったいない話はない。

　もしキミが数学をあきらめかけているなら、ぜひ試してほしいことがある。授業の受け方や教科書の使い方など、**数学の勉強法を変えてみる**のだ。

授業と教科書だけで実力をつける！

　数学は「考えて力をつける教科」と思われているが、私に言わせれば「手を動かして伸ばす教科」だ。この本でも、「第二の脳」と言われる手をフルに動かしてもらう。「わからなくても解ける」ことを経験し、「解くうちにわかってくる」感覚を味わってもらいたいからだ。

　難しい理屈はいっさい言わない。わざわざ新しい参考書を買う必要もない。授業と教科書を活用して実力をつける勉強法を、できるだけ詳しく、わかりやすく教えていこう。キミたちが用意するのはノートと鉛筆、そして1日60分程度の勉強時間だけでいい。

　最後に、緑鐵受験指導ゼミナールの元受講生で、現在は同ゼミの講師を務める川村裕氏（地方の無名高校から東大理Ⅰに合格）には、本書執筆にあたって多大なご協力をいただいた。この場をお借りして感謝の念を表したい。

　　　　　　　　　　　　　　　　　　　　　　　　　　　　和田秀樹

▶ もくじ

第1章　問題さえ解ければよし！
苦手な人のための勉強法ガイド

GUIDE 1　数学をあきらめかけているキミへ ………………… 8
「わからない＝デキない」ではない！
「問題さえ解ければよし」の発想

GUIDE 2　授業の聴き方、教科書の使い方 ………………… 14
「いま何をしているのか」を意識しよう！
大切なポイントを逃さない

GUIDE3　苦手でも点が取れる勉強法① ………………… 20
試験に出ないことは捨ててよし！
入試に頻出する教科書の例題

GUIDE4　苦手でも点が取れる勉強法② ………………… 26
「いまできること」だけに専念しよう！
学校の勉強と受験勉強の違い

第2章　まずは手を動かしてみよう！
理解はあとからついてくる

GUIDE5　"導入の型"を見抜く ………………… 32
導入のタイプで違う取り組み方
導入の分類とその対応策

GUIDE6　手を動かしながら前に進む ………………… 38
わからなければ暗記で乗り切る！
教科書の解き方を忠実にマネる

| GUIDE7 | 具体化による理解のサポート | 46 |

導入と解法確認を往復してみよう！
抽象的な導入を具体化して考える

| GUIDE8 | 暗記から理解へ至るプロセス | 50 |

手を動かすうちに「理解」が降りてくる！
「手を動かし続ける」ことの意味

第3章　見よう見まねで解いてみよう！
教科書例題をモノにする

| GUIDE9 | 解法確認の取り組み方① | 56 |

例題の解答を隠して自分で解く！
「わかる→解ける」の道筋を作る

| GUIDE10 | 解法確認から解法定着へ | 62 |

「解けないはずがない」と確信して解く
あきらめずに手を動かそう！

| GUIDE11 | 解法確認の取り組み方② | 66 |

模範解答をマネして答案を書こう！
あくまでも"お手本"に忠実に

| GUIDE12 | ノートの取り方・使い方 | 70 |

板書に書かない説明もメモしよう！
理解と暗記を強化するノート術

| GUIDE13 | 定義・定理・公式の暗記法 | 76 |

「三角比の定義」を定着させてみよう！
「解きながら覚える」を体験する

| GUIDE14 | 節末、章末問題の取り組み方 | 82 |

素直に考えて、愚直に手を動かす！
思いついたらすぐに試す

第4章　手に覚えさせてしまおう！
復習バリアを張りめぐらせる

GUIDE15　正しい復習法の習得 …… 88
これまでの勉強法を見直そう！
「伸びない勉強法」とその改善策

GUIDE16　復習計画の立て方 …… 92
5段階の"復習バリア"を築く！
教科書を徹底的に活用する

GUIDE17　「当日復習」の進め方 …… 96
ノーヒントで問題を解けるまで！
「忘れないうちの復習」がカギ

GUIDE18　「翌日復習」から「週末復習」へ …… 102
「週末復習」で勉強法を点検する！
何回でもしつこく解き直す

GUIDE19　「テスト前総復習」 …… 106
テスト対策を活用して実力アップ！
目標得点別・テスト対策プラン

GUIDE20　「テスト後メンテ」 …… 110
やや発展的な問題の復習をメインに！
実戦力強化のメンテナンス

第5章　覚えたことを使ってみよう！
教科書だけでも偏差値60に届く

GUIDE21　教科書と入試問題 …… 116
入試問題は教科書の知識で解ける！
"問題の作られ方"を分析する

| GUIDE22 | 「応用力」をつける方法 | 124 |

知識を活用するトレーニング
解法の適用範囲を広げる

| GUIDE23 | 問題と格闘する | 130 |

「教科書レベル」の高さを実感する
「知識の応用」の実地訓練

第6章　遅れた分を取り戻そう！
短期集中のリカバリープラン

| GUIDE24 | 遅れを挽回する方法 | 140 |

自学自習で授業に追いつこう！
数学Ⅰ・Aをやり直す

| GUIDE25 | 参考書を使いこなす | 144 |

2か月で授業に追いつく独習プラン
復習期間を十分に確保する

| GUIDE26 | 復習の徹底 | 150 |

すべての問題を自力で解けるまで！
復習の実践法とポイント

| GUIDE27 | 中学数学の総復習 | 154 |

中学時代の"積み残し"を清算する
開き直って1からスタート

| GUIDE28 | 経験者の実用情報 | 156 |

「つまずきやすい箇所」の克服法
数学Ⅰ・Aの単元別攻略ポイント

第 1 章

問題さえ解ければよし！

苦手な人のための勉強法ガイド

GUIDE 1　数学をあきらめかけているキミへ

「わからない＝デキない」ではない！

「問題さえ解ければよし」の発想

▶ なぜ数学が苦手になってしまうのか

　高校に入って間もないころは、授業にもどうにかついていけた。定期テストも、最初はそれほど悪くはなかった。ところが、授業が進むにつれて、わからないことがポツポツと出てくる。

　授業中の教師の説明も「わかったような、わからないような」、なんとなくスッキリしないことが多くなる。「うーん、数学ってやっぱり難しいんだな」。そんな風に思うようになると、数学の勉強が面倒になってくる。

　授業や教科書が難しくてわかりにくい。教師の説明や板書がよく理解できない。そんな「わからない体験」を積むうちに、数学が苦手になり嫌いになっていくケースが非常に多い。

▶ 授業がわからなくても問題は解ける！

　「自分には数学が向いていない」（だって頭が悪いし…）
　「勉強してもデキるような気がしない」（だってわからないし…）
　現在、そう感じている人もいるだろう。しかし、そんなことで数学に苦手意識を持ってしまうのは、非常にもったいない。

　単刀直入に言おう。数学の授業が「難しく感じる」のは当たり前だと考えてほしい。しかし、「授業がわからないから数学はもうダメだ」というのは、間違った思い込みでしかない。授業が理解できなくても、実は問題は解ける。問題を解いているうちに、点が取れるようになる。

　どういうことなのか、実際の授業や教科書を例に出しながら説明しよう。

▶ 「導入」はそもそもわかりにくい

　数学の授業や教科書は、基本的に下に示した3つのステップに沿って進んでいく。まずは、この構成をしっかり押さえてほしい。

> ① 導入…新しい知識（定理・公式など）を解説する。
> ② 解法確認…①の知識を使った問題の解き方（解法）を確認する。
> ③ 解法定着…②の解き方を自分で使えるようになるまで練習する。

　最初の「導入」では、これから習う知識、約束事などが説明される。たとえば、授業で「2次方程式の解の公式」を習うとき、その導入として、教師は板書をしながら、この公式が成り立つことを証明して見せるはずだ。

「2次方程式の解の公式」の証明（板書例）

$$ax^2+bx+c = a\left(x^2+\frac{b}{a}x\right)+c = a\left\{\left(x+\frac{b}{2a}\right)^2-\left(\frac{b}{2a}\right)^2\right\}+c$$

$$= a\left(x+\frac{b}{2a}\right)^2 - a\left(\frac{b}{2a}\right)^2 + c = a\left(x+\frac{b}{2a}\right)^2 - \frac{b^2-4ac}{4a}$$

与式 $=0$ より、$a\left(x+\frac{b}{2a}\right)^2 - \frac{b^2-4ac}{4a}$

よって、$\left(x+\frac{b}{2a}\right)^2 = \frac{b^2-4ac}{4a^2}$

$b^2-4ac>0$ のとき，$x = -\frac{b}{2a} \pm \frac{\sqrt{b^2-4ac}}{2a}$

以上より、$b^2-4ac \geqq 0$ のとき、
2次方程式の解の公式が導かれる。（証明終わり）

> a, b, c の文字を含んだ2次式の平方完成であるが，ゴチャゴチャして何をやっているのかわかりにくい。

一般に、定理・公式の証明は、板書例のようにゴチャゴチャした長い式になる。「2次方程式の解の公式」は、中学時代にも習ったかもしれないが、やっぱり途中で混乱してわからなくなった人も少なくないだろう。

　定理・公式の証明に限らず、導入の説明では、馴染みのない記号や用語がたくさん出てくるので、そもそもが難しい。初めて習う単元ならなおさらだ。しかし、**理解できないからといって落ち込むことはまったくない**。

▶ 「解法確認」は"機械的代入"でアッサリ

　「解法確認」では、「導入の知識を使って問題を解く手順」＝「解法」を理解することが目的だ。ここは、導入のような難しさはない。

　教科書で「2次方程式の解の公式」を扱っている箇所を見てみよう（次ページ参照）。冒頭から4分の3ほどが「導入」で占められ、その下の「例10」が「解法確認」に相当する。

　「2次方程式 $3x^2-7x+1=0$ を解く」とあり、すぐ下に解答（解き方）が示されている。「何をやっているのか」を理解するのは難しくない。

　早い話が、上の公式の a、b、c を、$3x^2-7x+1=0$ の 3、−7、1 に置き換えて計算するだけ、ただの機械的な代入でケリがつく。

▶ 「解法定着」は同じ解法をそのまま使う

　「例10」の解法確認のあとに「練習23」として練習問題が4つ並んでいる。これが「解法定着」に相当する。「例10」で確認した解法を、今度は自分で使う練習をしながら**「解法を覚えて使えるようにする」**のが目的だ。

　これも難しくはない。直前の「例10」の解き方をマネして、それぞれの2次方程式を見ながら、公式の a、b、c にあてはまる数字を「2次方程式の解の公式」に代入して計算するだけで答えが出る。

　解法定着では、最初のうち「解の公式」を見ながら解いてもかまわない。あとでお話しするが、大切なのは、とにかく**「たくさん解く」**ことだ。

《導入→解法確認→解法定着》の流れ（教科書）

第3節 2次方程式と2次不等式　93

導入

B 2次方程式の解の公式

x の2次方程式　　$ax^2+bx+c=0$　……①

の左辺は，78ページで示したように

$$ax^2+bx+c = a\left(x+\frac{b}{2a}\right)^2 - \frac{b^2-4ac}{4a}$$

と変形される。

よって，2次方程式①は次のように書ける。

$a\left(x+\frac{b}{2a}\right)^2 = \frac{b^2-4ac}{4a}$　　すなわち　　$\left(x+\frac{b}{2a}\right)^2 = \frac{b^2-4ac}{4a^2}$

$b^2-4ac>0$ のとき　　$x+\frac{b}{2a} = \pm\frac{\sqrt{b^2-4ac}}{2a}$

したがって　　$x = -\frac{b}{2a} \pm \frac{\sqrt{b^2-4ac}}{2a}$

$b^2-4ac=0$ のときも含めて考えると，次の **解の公式** が得られる。

> **2次方程式の解の公式**
>
> 2次方程式 $ax^2+bx+c=0$ は，$b^2-4ac \geq 0$ のとき解をもち，
>
> その解は　　$x = \dfrac{-b \pm \sqrt{b^2-4ac}}{2a}$

〈補足〉負の数の平方根は実数の範囲には存在しないから，$b^2-4ac<0$ のとき
2次方程式 $ax^2+bx+c=0$ は実数の解をもたない。

解法確認

例10 2次方程式 $3x^2-7x+1=0$ を解く。

$x = \dfrac{-(-7) \pm \sqrt{(-7)^2-4\cdot3\cdot1}}{2\cdot3} = \dfrac{7 \pm \sqrt{37}}{6}$　終

←$a=3, b=-7, c=1$

解法定着

練習23 次の2次方程式を解け。

(1)　$x^2+7x+4=0$　　　　(2)　$3x^2+5x-1=0$

(3)　$3x^2-8x-3=0$　　　　(4)　$4x^2+12x+9=0$

$a=3, b=5, c=-1$ を公式に代入

$a=1, b=7, c=4$ を公式に代入

「解の公式」が成り立つことを証明する導入。式の変形が面倒で難しい！

公式にあてはめて解くだけなので難しくない！

「例10」と同じ解き方でよいので難しくない！

『高等学校　数学Ⅰ』（数研出版、p.93）

▶ 導入で「つまずいた気分」になるのは損！

　教科書は、《導入→解法確認→解法定着》の3つのステップで構成されている。このうち、一番難しくてわかりにくいのが導入である。
　教科書に沿って進める授業でも同じで、やはり導入が一番難しい。しかも、ここにかなりの時間をかける教師が多い。途中でわからなくなった生徒は、ひたすら"苦痛な時間"が過ぎ去るのを待つしかない。
　半年、一年とこういう状態が続くと、自分の進路を考えるときにも、数学を使わなくてもすむ"ラクな道"を選ぼうとするだろう。
　「国公立大学はセンター試験で数学が必修だからあきらめよう」
　「数学を選択しなくてすむ私立文系に進めばいいや」
　ちょっと待ってほしい。導入が理解できないくらいで、数学をあきらめるのはバカバカしい。導入がわからなくても問題は解けるし、問題さえ解ければ、テストで点が取れるようになる。もちろん、いまからでも遅くない。

▶ 「問題さえ解ければよし」と考えよう！

　授業でも教科書でも、確かに導入は難しい。しかし、そのあとの解法確認と解法定着は、「解法の使い方」さえわかれば、あとは"機械的な作業"でしかない。これは、先の例で見た「2次方程式の解の公式」に限らず、基本的にはどの単元・項目も同じだと考えてよい。
　数学が苦手になる人の多くは、最初の導入の部分が理解できないと、それでもうダメだと観念し、先に進もうという気分になれない。
　しかし、これからは違う。発想を根本的に変えてみるのだ。
　「理解できないことがあっても、問題が解ければそれでよし！」
　「いまはわからなくても仕方がない。それより解法のマスターが先！」
　そう考えて授業を受けてみよう。いまあきらめてしまうのは、あまりにも早すぎるし、本当にもったいない。別に数学が好きにならなくてもよい。「苦手でも点が取れる」のが、数学という教科の面白いところなのだ。

授業に臨む姿勢をこう変えよう!

導入 **(理論)**	もちろん理解できるに越したことはないが、 「わからなくても何とかなる!」と考えよう。
解法確認 **(例題)**	「どうやって解いているのか」を注意深く追う。 自分でも同じやり方で解けるかどうかを確認する。
解法定着 **(練習問題)**	最初は例題をカンニングしながら解いてもよい。 「1回解いて終わり」ではなく、何回も復習しよう!

　数学の勉強で重要なのは、「導入」よりも「解法確認」とそれに続く「解法定着」なのだが、こういうことを、数学の教師はあまり言わない。

　数学の教師はそもそも"数学大好き人間"で、「理解が一番大切」「理解できるまで自分で考えないと伸びない」と考える人が多い。さすがに「導入が理解できなくても大丈夫」とは口が裂けても言いたくないだろう。

　しかし、そうとは限らないことを、勉強のやり方を変えることで、これから一緒に"証明"していこう!

GUIDE 1 のまとめ

1. 「授業がわからない」といって数学をあきらめることはない!
2. 導入が理解できなくても、解法確認と解法定着は進められる。
3. 「問題さえ解ければよし」と考えて授業に臨もう。

GUIDE 2 授業の聴き方、教科書の使い方

「いま何をしているのか」を意識しよう！

大切なポイントを逃さない

▶ "授業の流れ"を自分で把握する

　授業をただ漠然と聴いていると、「いったい何をやっているのか」がわからなくなることがあるだろう。こういうとき、たいてい睡魔(すいま)が襲ってくる。そこで、これから数学の授業を受けるときは、「いま何をやっているのか」を強く意識してほしい。

　どういうことかと言うと、前節でお話しした《導入→解法確認→解法定着》の流れのうち、どの段階について教師が説明しているのかを意識して聴くのだ。思い出してもらうために、"3つの段階"をもう一度載せておく。

> ①導入…新しい知識（定理・公式など）を解説する。
> ②解法確認…①の知識を使った問題の解き方（解法）を確認する。
> ③解法定着…②の解き方を自分で使えるようになるまで練習する。

　では、さっそく試してみよう。下の板書例を見てほしい。教師が板書したあとに、「①式の b を $-b$ に置き換えてみましょう」と指示した。

　さて、これは上に示した①～③のどの段階だろうか。

> $(a+b)^3 = a^3 + 3a^2b + 3ab^2 + b^3$ ……①
>
> 《問題》
> 　①式の b を $-b$ に置き換えよ。

▶ 教科書で"授業の流れ"を確認する

「問題を解かせているから『解法定着』に違いない」と考えた人もいるだろう。しかし、これは導入である。

授業は、教師の説明が切れ目なく続くので、どこからどこまでが導入で、どこからが解法確認なのかがわかりにくい。その点、教科書は構成がしっかりしているので、"3段階の流れ"が授業よりわかりやすい。

そこで、**授業を聴くときは、「いまやっている箇所」を教科書で確認する**ようにしたい。実際に、先の板書例で示した「①式の b を $-b$ に置き換えよ」が出てくるページを教科書で確認しておこう（17ページ参照）。

すると、「式の計算」の展開・因数分解の発展的なテーマとして扱われていることがわかる。教科書の前半部分は、「展開の公式」を証明するための導入、「例1」が解法確認、「練習1」が解法定着である。

▶ 授業と教科書は"一心同体"の関係

数学の授業中は、机の上に教科書を出しているだろうが、あまり見ない人が多い。もっとも、教師の説明を聴きながら板書を写していると、それだけで手一杯になって教科書を見ているヒマがないのかもしれない。

あるいは、教科書を使わずにプリントで授業をする教師の場合、そもそも教科書は"飾り物"で、授業でも家でもほとんど開くことがないだろう。

確かに、教科書は参考書に比べて説明がアッサリしすぎているので、独学で勉強するには向いていない。しかし、それを補うために授業がある。

教科書でわかりにくいところを丁寧に説明するのが授業であり、授業と教科書が組み合わさって「1冊の参考書」になると考えよう。教師は、好きなように教えているように見えて、教科書の流れから外れることはない。

教科書のわかりにくいところを授業で補い、授業でやったことを教科書でチェックする。このように**授業と教科書を往復しながら、「いま何を、なんのためにやっているのか」**を常に意識するようにしてほしい。

▶ 《解法確認→解法定着》の流れに食いつく！

　教科書を参照しながら"授業の流れ"をつかんでおくと、「力を入れるべきところ」がハッキリする。「問題さえ解ければよい」という立場で言えば、一番重要なのは、解法確認とそれに続く解法定着だ。

　もちろん、導入も理解できるに越したことはない。しかし、理解できない部分にこだわって長時間考え込むより、その時間で解法を確実に理解して使えるようにするほうが、時間の使い方としてはるかに賢い。

　たとえば、先の板書例の「b を $-b$ に置き換える問題」にしても、ここはあくまでも導入だとわかっていれば、何をすればよいのかがわからなくても、正解を導けなくても、いまはそれほど気にすることはない。

　本当に大事なのはそのあと、「展開の公式」をどう使って問題を解いているかを理解することだ（解法確認）。ここに神経を集中して授業を聴き、公式を使って自力で問題が解けるようになるまで練習する（解法定着）。

　授業を受けるときは、この《解法確認→解法定着》の流れを意識して、しっかり食らいついてほしい。

▶ 「解き方の理解」が最優先のテーマ！

　導入がわからないのは仕方がないとして、解法確認で示される解き方はどうしても理解しておく必要がある。ここで「どうやって解いているのか」を理解できないと、自力で問題を解けるようにならないからだ。

　次ページの教科書では「例1」が解法確認にあたるが、ここでは上の「展開の公式」を使って $(x+1)^3$ や $(2x-y)^3$ を展開していることがわかればそれでよい。導入を理解するよりもはるかに易しい。

　ただし、解法確認でやっていることが、どうしてもわからないこともあるだろう。その場合は、教師に質問して解決する。授業中に質問するのが恥ずかしければ、友人に聞くか、休み時間や放課後に職員室まで質問に行けばよい。とにかく、**解法確認での理解が授業の一番のヤマ場**だと考えてほしい。

教科書は"流れ"がつかみやすい

第1節 式の計算　19

導入

発展　**3次式の展開と因数分解**

$(a+b)^3$ を展開すると，次のようになる。

$$\begin{aligned}(a+b)^3 &= (a+b)^2(a+b) \\ &= (a^2+2ab+b^2)(a+b) \\ &= (a^2+2ab+b^2)a+(a^2+2ab+b^2)b \\ &= a^3+2a^2b+ab^2+a^2b+2ab^2+b^3 \\ &= a^3+3a^2b+3ab^2+b^3\end{aligned}$$

よって　$(a+b)^3 = a^3+3a^2b+3ab^2+b^3$　……①

$$\begin{array}{r}a^2+2ab+b^2 \\ \times)\ a\ +b \\ \hline a^3+2a^2b+\ ab^2 \\ a^2b+2ab^2+b^3 \\ \hline a^3+3a^2b+3ab^2+b^3\end{array}$$

> この部分を授業で生徒に解かせていた！

また，①において，b を $-b$ でおき換えると
　　$\{a+(-b)\}^3 = a^3+3a^2(-b)+3a(-b)^2+(-b)^3$
よって　$(a-b)^3 = a^3-3a^2b+3ab^2-b^3$

したがって，次の展開の公式が成り立つ。

展開の公式

$$(a+b)^3 = a^3+3a^2b+3ab^2+b^3$$
$$(a-b)^3 = a^3-3a^2b+3ab^2-b^3$$

> いきなりこの公式を丸暗記しなくてよい。

解法確認

例1　(1) $(x+1)^3 = \underline{x^3+3\cdot x^2\cdot 1+3\cdot x\cdot 1^2+1^3} = x^3+3x^2+3x+1$

(2) $(2x-y)^3 = \underline{(2x)^3-3\cdot(2x)^2\cdot y+3\cdot 2x\cdot y^2-y^3}$
$ = 8x^3-12x^2y+6xy^2-y^3$

> 下線部が「何をやっているのか」がわかればよい！

解法定着

練習1　次の式を展開せよ。
(1) $(x+2)^3$
(2) $(x-1)^3$
(3) $(3a+b)^3$
(4) $(x-2y)^3$

> 最初は上の「展開の公式」を見ながら丁寧に展開する。

『高等学校　数学Ⅰ』（数研出版、p.19）

▶ 定理・公式はいきなり丸暗記しない！

　高校数学では、中学のころと比べ物にならないほど多くの定理・公式、約束事などが出てくる。これらは、最終的には確実に暗記しておかないと問題が解けるようにならない。

　だからといって、新しい定理・公式などが出てくるたびに、いきなり丸暗記しようとするのはお勧めしない。

$$(a+b)^3 = a^3 + 3a^2b + 3ab^2 + b^3$$
$$(a-b)^3 = a^3 - 3a^2b + 3ab^2 - b^3$$

　たとえば、上の展開公式を見て丸暗記しようとしても、なかなか覚えられるものではない。覚えたと思っても、すぐに忘れてしまうだろう。

　これらの定理・公式は、「問題を解きながら自然に覚える」のが一番効率的で、しかも「使える知識」として確実に定着する。

　そのために活用するのが、教科書の練習問題（解法定着）であり、教科書傍用の問題集（数研出版なら『4ステップ』や『スタンダード』など）だ。

　最初は公式や例題をカンニングしながら解いてもよい。手を動かしてたくさんの問題を解くうちに、何も見ずに、そして機械的に公式をスッと使って正解を出せるようになる。

　こうなって初めて、公式・定理などが「使える知識」として定着する。「頭で考えるより先に手を動かす」「問題を解くうちに"手"が公式を覚える」。本書で紹介する勉強法の奥義と言ってもよい。

▶ 「解法定着」は授業中に消化できない

　授業では、導入の説明と解法確認だけでかなりの時間を取る。そのため、残りの解法定着（練習問題や傍用問題集）は宿題になることも多い。つまり、**解法定着は基本的に「自分でやるしかない」**と思ってほしい。

解法確認と解法定着のポイント

ステップ	ポイント
解法確認 （例題）	1. 「どうやって問題を解いているか」の理解が最重要。 2. 理解できないときは、質問して早めに解決する。 3. 定理・公式などは、いきなり丸暗記しない。
解法定着 （練習問題）	1. 解法定着は"授業外"に自分でやる必要がある。 2. 定理・公式などは、ここで確実に定着させる。 3. 必要に応じて傍用問題集などを活用する。

→詳しくは4章を参照

そこで、解法定着は家に帰ってからの課題になるが、勉強のやり方が甘いと、せっかく習ったことが水の泡になるので注意しよう。

宿題は確かに面倒くさい。授業で当てられると困るから仕方なしにやる、という人も多いだろう。しかし、「とりあえず1回解いて終わり」とか「解き直しの復習はやらない」では、点を取れるようにならない。そのことを頭に入れておいてほしい。

GUIDE 2 のまとめ

1. 授業の"流れ"を、教科書を参照しながら押さえておこう。
2. 授業のヤマ場は「解法確認」での"解き方の理解"にあり！
3. 定理・公式は「問題を解きながら自然に覚える」ものである。

GUIDE 3 苦手でも点が取れる勉強法①

試験に出ないことは捨ててよし！

入試に頻出する教科書の例題

▶ 中学時代の勉強のやり方を思い出そう！

　この本の読者には、「中学時代は数学がそれなりにできていたのに、高校になってから急にダメになった」という人も少なくないだろう。

　一番の原因は、やはり「導入の難しさ、理解のしにくさ」にある。さらに言うと、"理解の重要性"を必要以上に強調する教師にも問題がある。それで、「理解できないとダメだ」と"洗脳"されてしまうのだ。

　中学の教科書も《導入→解法確認→解法定着》の構成になっているが、高校で習う導入のような難しさはない。たとえば中学では、円の面積の公式を「πr^2」で覚えてきた（πは円周率を表す記号）。

　ところが、中学では「なぜ円の面積がπr^2で表せるのか」の証明はしない。中学生にはあまりにも難しすぎるからだ（高校3年の「数学Ⅲ」で習う「微分・積分」を使わないと証明できない）。

　それでも、中学時代は困らなかっただろう。公式を覚えて演習するだけで定期テストは乗り切れたし、高校入試もそれで突破できた。

▶ 中学時代の勉強法は高校でも通用する！

　実は、このような中学時代の勉強法は、高校でも通用する。というのも、模試や大学入試では、たとえば「2次方程式の解の公式を証明せよ」とか「3次式の展開の公式を導け」といった問題は出ないからだ。

　一般的な入試問題は、難易度の違いこそあれ、教科書の例題や練習問題のように、具体的な数式や数値、条件を与えて解かせる問題で構成されている。

たとえ授業で導入が理解できなくても、解法確認と解法定着で解き方を身につけ、さらに多くの問題を解きながら解法のバリエーションを増やしていけば、少なくともセンター試験を突破できる実力（7～8割）をつけられる。
　さすがに東大や京大など難関大学の2次試験になると、導入をきちんと理解していないと解けない難問も出てくる。ただ、いまはそこまで考えず、教科書レベルの例題と練習問題を確実に解けるようにすることが先決だ。

▶ 教科書の例題は入試問題でも使われる

　センター試験の数学で出題される問題は、ほとんどが教科書の例題をベースにして作られると思ってよい。
　たとえば下の問題を見てほしい。

第1問　（配点　20）

〔1〕 $a = \dfrac{1+\sqrt{3}}{1+\sqrt{2}}$, $b = \dfrac{1-\sqrt{3}}{1-\sqrt{2}}$　とおく。

(1) $ab = \boxed{ア}$
　　$a + b = \boxed{イ}\,(\boxed{ウエ} + \sqrt{\boxed{オ}}\,)$
　　$a^2 + b^2 = \boxed{カ}\,(\boxed{キ} - \sqrt{\boxed{ク}}\,)$
　　である。

(2) $ab = \boxed{ア}$ と $a^2 + b^2 + 4(a+b) = \boxed{ケコ}$ から，a は
　　$a^4 + \boxed{サ}\,a^3 - \boxed{シス}\,a^2 + \boxed{セ}\,a + \boxed{ソ} = 0$
　　を満たすことがわかる。

（センター試験　数学Ⅰ・Aより）

この問題の(1)は、ほとんどの教科書に例題として載っている。もちろん用いている記号（a と b）や数値は違うが、「どうやって解けばよいのか」さえ知っていれば、簡単な計算でケリがつく。

　実際の教科書で確認してみよう（次ページ参照）。ここでは、わずか3行の導入のあとに、「応用例題4」が登場する。解き方の基本は同じだ。さらに、「練習38」では、分母の形がセンターの問題とよく似ている。

　では、「応用例題4」で「どうやって解いているか」を理解できている人は、さっそくセンター試験の(1)の問題にチャレンジしてみよう。

　下に解答例を載せておくので、答え合わせをしてほしい。

---

(1) $a = \dfrac{1+\sqrt{3}}{1+\sqrt{2}},\quad b = \dfrac{1-\sqrt{3}}{1-\sqrt{2}}$

$\dfrac{1+\sqrt{3}}{1+\sqrt{2}} \cdot \dfrac{1-\sqrt{3}}{1-\sqrt{2}} = \dfrac{(1+\sqrt{3})(1-\sqrt{3})}{(1+\sqrt{2})(1-\sqrt{2})} = \dfrac{1^2-(\sqrt{3})^2}{1^2-(\sqrt{2})^2} = \dfrac{-2}{-1}$

$\begin{cases} ab = 2 \\ a+b = 2(-1+\sqrt{6}) \end{cases}$

分母と分子を展開して整理

$a^2 + b^2 = (a+b)^2 - 2ab$ より　　a と b を通分して足す

$a^2 + b^2 = \{2(-1+\sqrt{6})\}^2 - 2 \cdot 2$

　　　　　$= 4(1 - 2\sqrt{6} + 6) - 4$　　　$\cancel{4} - 8\sqrt{6} + 24 - \cancel{4}$

　　　　　$= 8(3-\sqrt{6})$

（答）$\begin{cases} \boxed{ア}=2 \quad \boxed{イ}=2 \quad \boxed{ウエ}=-1 \\ \boxed{オ}=6 \quad \boxed{カ}=8 \quad \boxed{キ}=3 \quad \boxed{ク}=6 \end{cases}$

$a+b = \dfrac{(1+\sqrt{3})(1-\sqrt{2}) + (1-\sqrt{3})(1+\sqrt{2})}{(1+\sqrt{2})(1-\sqrt{2})}$

　　　$= \dfrac{1 - \cancel{\sqrt{2}} + \cancel{\sqrt{3}} - \sqrt{6} + 1 + \cancel{\sqrt{2}} - \cancel{\sqrt{3}} - \sqrt{6}}{1^2 - (\sqrt{2})^2}$

　　　$= -(2 - 2\sqrt{6})$

　　　$= 2(-1+\sqrt{6})$

センター試験に出る教科書例題

30　第1章　数と式

導入

D 式の値

与えられた x, y の値から x^2+y^2 の値を求めるとき，式の変形を工夫することによって，直接 x, y の値を代入するより簡単に求められることがある。

> 特に大切なことが書いてあるわけではない導入。

解法確認

応用例題4　$x=\dfrac{\sqrt{2}+1}{\sqrt{2}-1}$, $y=3-2\sqrt{2}$ のとき，次の式の値を求めよ。

(1) $x+y$, xy 　　　　(2) x^2+y^2

考え方… (2) $x^2+y^2=(x+y)^2-2xy$ であるから，x^2+y^2 の値は $x+y$, xy の値から求めることができる。

解答　(1) x の分母を有理化すると

$$x=\frac{\sqrt{2}+1}{\sqrt{2}-1}=\frac{(\sqrt{2}+1)^2}{(\sqrt{2}-1)(\sqrt{2}+1)}$$

$$=\frac{2+2\sqrt{2}+1}{(\sqrt{2})^2-1^2}$$

$$=3+2\sqrt{2}$$

よって

$$x+y=(3+2\sqrt{2})+(3-2\sqrt{2})=6$$

$$xy=(3+2\sqrt{2})(3-2\sqrt{2})=3^2-(2\sqrt{2})^2=1$$

(2) $x^2+y^2=(x+y)^2-2xy=6^2-2\cdot 1=34$

> (2)の解き方のヒントを丁寧に示している。

解法定着

練習37　$x=\dfrac{\sqrt{3}+1}{\sqrt{3}-1}$, $y=2-\sqrt{3}$ のとき，次の式の値を求めよ。

(1) $x+y$, xy 　　　　(2) x^2+y^2

練習38　$x=\dfrac{1}{\sqrt{2}+1}$, $y=\dfrac{1}{\sqrt{2}-1}$ のとき，次の式の値を求めよ。

(1) $x+y$, xy 　　　　(2) x^2+y^2

> 分母の形がセンター試験の問題と似ている！

『高等学校　数学Ⅰ』（数研出版、p.30）

第1章　問題さえ解ければよし！

▶ 「間違えた原因」をハッキリさせる

　自分で解いてみた結果はどうだっただろう。「全問正解できた」という人は、教科書例題の解法がしっかり定着していると考えてよい。この調子で数学の勉強を続けていこう。

　ab や $a+b$ の答えを間違えてしまった人は、まずは「なぜ間違えたのか」をよく検討してみてほしい。

　考えられる原因としては、①単純な計算ミス、②式の展開の方法がわかっていない、③「分母の有理化」の方法がわかっていない、のどれかだ。①の場合は、慎重に計算をやり直してみよう。

　②や③が原因であれば、教科書の該当ページ（「展開の公式」「分母の有理化」の項目）に戻って、例題や練習問題を解いて解法を完璧に定着させてから再チャレンジしてほしい。

　ab と $a+b$ は正解できたが、a^2+b^2 を間違えた人は、例題の解法をまだ完全にマスターできていない。前ページの教科書の「考え方」の通りにやってみよう。すなわち、$(a+b)^2=a^2+2ab+b^2$ の展開公式を $a^2+b^2=(a+b)^2-2ab$ と変形し、先に出した ab と $a+b$ の値を右辺に代入して計算する。この考え方を理解して、自分で使えるようにしてほしい。

▶ 「間違えることで進歩する」と考えよう！

　問題を解いて間違えたときは、誰でもガッカリする。しかし、「やっぱりダメだ」とネガティブに考えない。「自分に何が足りないのかがわかってよかった！」と前向きに捉えてほしいのだ。

　実際に、ab、$a+b$、a^2+b^2 で正しい答えが出なかったのは、単純な計算ミスも含めて、「解法確認」と「解法定着」を疎かにしていたことが根本的な原因と考えられる。

　これを解決するには、間違えた項目の例題や練習問題に戻って、解法を確実に定着させればよいだけなのだ。

間違えた原因を考えることで、「自分に足りないもの」や「自分が疎かにしていたこと」がハッキリ自覚できる。それを克服することで、着実に進歩していく。さらに、いままでのやり方を反省し、勉強法を工夫・改善することで、以前よりも確実に点が取れるようになる。

▶「1回解いたら終わり」では伸びない！

　受験生を見ていて特に目立つのは、解法定着の段階での練習量の不足だ。前節でお話ししたように、解法定着は授業中で消化しきれないので、家庭学習に委ねられる。解法のマスターには、ここでの勉強法が決定的に重要となる。

　間違えた人は、これまで「1回解いただけで終わり」「間違えても気にしない」「復習はほとんどしない」といった感じでやってきたのではないだろうか。

　そうだとしたら、これからはやり方を変えてみよう。どうすればいいのかは、4章で詳しくお話ししたい。

GUIDE 3のまとめ

1. 導入で習う「定理・公式の証明」は模試や入試にまず出ない。
2. 教科書レベルの解法定着でセンター試験はクリア可能！
3. "間違えた問題"から自分に足りないことを見つけよう！

GUIDE 4　苦手でも点が取れる勉強法②

「いまできること」だけに専念しよう！

学校の勉強と受験勉強の違い

▶ "教科書にない問題"をどうやって解くか

　センター試験に限らず、教科書の例題をもとにして作成される入試問題はかなり多い。入試のいわゆる頻出・典型問題は、教科書例題がベースになっていると考えてよいのだ。

　こうした問題で点を取るには、教科書に出てくる例題を確実に理解し（＝解法確認）、自分で使えるようにすること（＝解法定着）が絶対条件となる。

　では、教科書で習っていない問題に対処できるのか、といった疑問も当然出てくるだろう。

　21ページのセンター試験の問題をもう一度見てほしい。(1)の解法は教科書に載っているが、(2)は教科書では扱われていない。(2)を見て、「これは難しそう」「解けそうにない」と思った人もいるだろう。

　では、(1)は解けたという前提で、空欄　ア　を埋めた(2)をもう一度掲載するので、自力で考えて解いてみてほしい。

　制限時間は10分とする。5分考えても解き方がわからなければ、次ページの解答例を見てもかまわない。

---

(2)　$ab=2$ と $a^2+b^2+4(a+b)=$ ケコ から、a は

a^4+ サ a^3- シス a^2+ セ $a+$ ソ $=0$

を満たすことがわかる。

▶ 設問の意味がわからなくても解ける

(2)の設問文には、「～から、a は…を満たすことがわかる」とある。設問自体がどういうことを言っているのか、よく理解できないかもしれない。実は私も、これが数学的にどんな意味を持つのかよくわからない。

それでも、「まずは空欄 ケコ を求めるんだな」ということはわかるだろう。(1)で、$ab=2$、$a^2+b^2=8(3-\sqrt{6})$、$a+b=2(-1+\sqrt{6})$ を出しているので、これらを利用すれば解けそうな感じがしないだろうか。

(2)の解答例を下に載せておく。

---

(2) (1)より，$a^2+b^2=8(3-\sqrt{6})$, $a+b=2(-1+\sqrt{6})$

$a^2+b^2+4(a+b) = 8(3-\sqrt{6}) + 4\{2(-1+\sqrt{6})\}$

$\qquad\qquad\qquad\quad = 24 - 8\sqrt{6} - 8 + 8\sqrt{6}$

$\qquad\qquad\qquad\quad = \underline{16}$ ← ケコ $=16$ …（答）

$ab=2$ より $b=\dfrac{2}{a}$

$a^2+b^2+4(a+b)=16$ に $b=\dfrac{2}{a}$ を代入すると

$a^2+\dfrac{4}{a^2}+4\left(a+\dfrac{2}{a}\right)=16$ ……①

①の両辺に a^2 をかけて整理すると

$a^4+4+4a^3+8a-16a^2=0$

⇄ $\underline{a^4+4a^3-16a^2+8a+4=0}$

サ $=4$ シス $=16$ セ $=8$ ソ $=4$ …（答）

まずは授業を活用した基礎固めから！

　最初の $a^2+b^2+4(a+b)=$ ケコ は、(1)で求めた a^2+b^2 と $a+b$ の値をそのまま代入すれば答えが出る。計算ミスさえしなければ大丈夫のはずだ。

　それに続く サ ～ ソ の式をどう導けばいいのか。a^4 や a^3 を見て「なんじゃこりゃ？」と混乱した人もいるだろう。

　実は、この設問は、センター試験でもやや難しい問題の部類に入る。だから、いまの段階で解けなくても気にすることはない。仮に本番のセンター試験でこの設問を落としても、他の問題で着実に加点すれば7割には届く。

　ただ、「授業で習わなかったから解けない」「教科書に載っていないから解けない」というわけではない。

　数学が苦手な人にとって、授業や教科書だけでは、このような"クセのある問題"や"見たことのない問題"に対応できない面がある。だからこそ、入試レベルの問題に対応できる参考書などを使った「受験勉強」をする必要があるのだ。

　学校の授業や教科書で足りない部分は、そのあとの「受験勉強」で補っていく。"教科書にない問題"もそこでカバーすることが可能だ。

　ただ、その「受験勉強」にしても、土台になるのは教科書だ。教科書レベルの**基本問題が自力で解けないうちは、受験勉強に入っていけない。**

　そうならないように、まずは「いまやるべきこと」「いまできること」に専念しよう。授業を目一杯活用して、**教科書に載っている例題や練習問題をすべて自力で解けるようにする。**これが最優先の目標であり課題だ。

"入試頻出の解法"は受験勉強で！

　先の設問を解けなかった人は、解答例を見て「なぜ、そんな風に考えて解けるんだろう」と疑問に思うかもしれない。しかし、これが次ページのような問題だったら、おそらく解けるのではないだろうか。

　解き方は、①より $y=\dfrac{2}{x}$ とし、これを②の y に代入して整理すればよいだけだ。正解は、$x^4+4x^3-16x^2+8x+4=0$ となる。

《問題》
　連立方程式
$$\begin{cases} xy = 2 & \cdots\cdots ① \\ x^2 + y^2 + 4(x+y) = 16 & \cdots\cdots ② \end{cases}$$
において、y を消去して x だけの方程式にしなさい。

27ページの解答例も、これとまったく同じ解き方をする（記号が違うだけ）。どちらも解法のキモは、「1文字を消去する」ことにある。

この「1文字消去」は、入試問題でよく出てくるテクニックの1つだ。入試レベルの問題集を使った演習（受験勉強）に入ると、「あっ、また1文字消去だ！」と言うほど頻繁にお目にかかることになる。

「受験勉強」でさまざまなパターンの実戦的な問題を解くうちに、"教科書にないような問題"にも対応できる力が養われていく。これも、「頭で考える」というよりは、「手が覚えていく感覚」に近い。

いずれにしろ、「教科書にない問題を解けるだろうか」と心配するより前に、いまは受験勉強の土台となる教科書の「解法確認」と「解法定着」を確実に固めることに集中しよう。

GUIDE 4 のまとめ

1. "教科書にない問題"を解けなくても、いまは気にしない。
2. "学校の勉強"で習わなかったことは受験勉強でカバーできる。
3. いまは、受験勉強の土台となる教科書の攻略に専念しよう！

第 **2** 章

まずは手を動かしてみよう！

理解はあとからついてくる

GUIDE 5 "導入の型"を見抜く

導入のタイプで違う取り組み方

導入の分類とその対応策

▶ 「導入を理解する努力」は放棄しない！

「導入が理解できなくても、問題さえ解ければよい」。前章でもお話ししたように、この本で提案する勉強法の基本スタンスだ。

ただ、誤解しないでほしいが、「導入なんか理解する必要はない」とか「導入の説明は聴かずに飛ばしてよい」と言いたいのではない。導入は理解できるに越したことはなく、**理解**しようとする**努力**と**姿勢**は持ってほしい。

導入を理解できれば、そのあとの解法確認や解法定着もスムースに進められる。すべてを理解できなくてもかまわない。わかるところだけを虫食い的に押さえておくだけでも、解法の理解に役立てることができる。

この章では、"理解しにくい導入"に取り組む姿勢や考え方をメインにお話ししていきたい。まずは導入のタイプを分類しておこう。

▶ 導入の３つのタイプと特徴

授業や教科書の導入には、大きく分けて３つのタイプがある。

> ①定理・公式の説明（証明）をする"公式証明型"
> ②本題にスムースに入っていくための"助走路型"
> ③数学的な約束事（定義など）を説明する"定義型"

①の"公式証明型"の導入は、前章でも教科書の例として出したが（11、17ページ参照）、もう１つ別のものを紹介しておく（次ページ）。

"公式証明型"の導入例

B 正弦定理

一般に，△ABC の外接円の半径を R とすると，次が成り立つ。

$$a = 2R\sin A \quad \text{すなわち} \quad \frac{a}{\sin A} = 2R$$

> この部分はその前のページで証明されている。

5　同様に，次が成り立つ。

$$\frac{b}{\sin B} = 2R, \quad \frac{c}{\sin C} = 2R$$

よって，次の **正弦定理** が得られる。

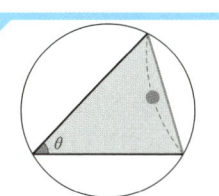

$$\frac{\bullet}{\sin \theta} = 2R$$

正弦定理

△ABC の外接円の半径を R とすると，次が成り立つ。

10
$$\frac{a}{\sin A} = \frac{b}{\sin B} = \frac{c}{\sin C} = 2R$$

> この定理を使って解く例題（解法確認）が，このあとに出てくる。

『高等学校　数学Ⅰ』（数研出版、p.140）

　"公式証明型"の導入は、定理・公式が「どんな場合でも成り立つ」ことを示す（証明する）のが目的だ。「ほら、ちゃんと証明できたでしょ。だから安心して使っていいんだよ」ということを言いたいのだ。

　だから、証明の方法がわからなくても、自分でそれを証明できなくても、大きな問題は生じない（再度言うが「理解する努力」はしてほしい）。

　それよりも、その公式の「使い方を理解する」ことと（解法確認）、その公式を使って「自力で問題を解けるようにする」こと（解法定着）のほうが重要であることは、前章でお話しした通りである。

▶ 意外に理解しやすい"助走路型"の導入

　②の"助走路型"の導入は、本題に入るために必要な「予備知識」の役割を担うことが多い。"本番前の軽いウォーミングアップ"と考えてよいだろう。

　"助走路型"の導入の例を35ページに載せておく。

本来は、「2次不等式をグラフを利用して解く解法」(本題) を扱う項目だが、最初の導入では、1次不等式を扱っている。

　いきなり本題の「2次不等式の解き方」を説明する前に、それより簡単な1次不等式を素材に、グラフを用いて不等式を解くときの「基本的な考え方」を示しているわけである。

　ちなみに、「例16」は「解法確認」であると同時に「導入」の役割も果たしている。こういうケースも教科書ではよく出てくることを覚えておこう。

　この例に限らず、"助走路型"の導入は中学の復習、あるいは易しめの例題から入ることが多く、"公式証明型"のような難解さはない。

　こういう「理解できそうなところ」を着実に押さえておくと、このあとの本題にも取っつきやすくなるので、頑張って授業に食いついてほしい。

▶ 理屈抜きで受け入れる "定義型" の導入

　③の"定義型"の導入では、用語や記号などの意味を規定したり、「数学的な約束事」を示したりする。実際に教科書を見てもらったほうが早いので、"定義型"の導入例を37ページに載せた。

　1行目の「今後、条件を単に p, q などの文字で表すことにする」から、すでに"約束事"が示される。さらに、命題の表し方の約束事、「仮定」「結論」の定義と続いていく。

　早い話が、「AはBである」「AをBと表せる」の形にあてはまるものは、すべて"定義型"と考えてよい。"定義型"の導入は抽象的でわかりにくく感じるだろう。ただ、"公式証明型"の導入と違って、「なぜそうなるのか？」「どうしてそういう式になるのか」という疑問を差し挟む余地が少ない。

　つまり、「AはBである」と言い切って定義しているのだから、「ハイ、わかりました」と素直に受け入れるしかないのだ。

　そういう意味では、"定義型"の導入はけっして難しいわけではなく、単純に「面倒くさい」と思うだけなのだ。そこはぐっと我慢して、「**とにかく理屈抜きに受け入れるしかない**」と割り切って考えよう。

"助走路型"の導入例（2次不等式）

導入＋解法確認

7 2次不等式

これまでは，2次関数のグラフと x 軸の位置関係について調べた。
ここでは，関数のグラフを利用して，不等式を解くこと〜

> 「例16」が「導入＋解法確認」の役割を果たしている。このタイプは難しくないので丁寧に取り組もう！

A　1次不等式と1次関数

5　　1次不等式の解を，1次関数のグラフを用いて考えてみよう。

> **例16**　1次不等式 $2x-4<0$ の解
>
> 1次関数 $y=2x-4$ のグラフは右の図のような直線である。
> この直線と x 軸の交点の x 座標は，
> 1次方程式
> 　　　$2x-4=0$
> の解 $x=2$ である。
> 右の図から，$y=2x-4$ について $y<0$ となる x の値の範囲は $x<2$ である。
> よって，1次不等式 $2x-4<0$ の解は，$x<2$ である。　　終
>
> （図：x軸より上側にある $y>0$／x軸より下側にある $y<0$，x切片 2，y切片 -4）

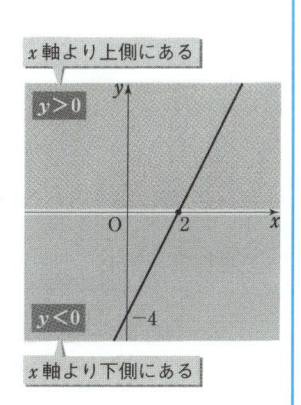

1次不等式 $2x-4>0$ の解は，$y=2x-4$ について $y>0$ となる x の値の範囲で，$x>2$ である。

x	$x<2$	2	$x>2$
$y=2x-4$	$-$	0	$+$

解法定着

練習31　1次関数のグラフを利用して，次の1次不等式の解を求めよ。
(1) $2x+4<0$　　　(2) $-3x+6 \leqq 0$

『高等学校　数学Ⅰ』（数研出版、p.103）

▶ 数学に"感情"を持ち込まない

　数学が嫌いな人や苦手な人は、特に"定義型"の導入で見られるような「数学独特の抽象的な表現」自体に抵抗感があるようだ。たとえば、次ページに示した「命題 $p \Rightarrow q$」の導入を読んでみよう。

　「3より大きければ、1より大きい」という当たり前のことを、わざわざ p や q を持ち出して「$p \Rightarrow q$」だとか「p が仮定」「q が結論」だとか、さらに R、P、Q まで出してきて「$P \subset Q$ が成り立つ」とか……。

　「逆にわかりにくいじゃん」「なぜそんな面倒なことする？」などと反発する人、見ただけで「あ、もうダメ」と拒否反応を示す人もいるだろう。まるで、数学に対して何か"恨み"のような感情を持っているかのようだ。

　キミが嫌いな人がいたとして、その人とは口も聞きたくない、その人の言うことにいちいち腹が立つ。そんな感情にも似ている。

　数学に"感情"を持ち込むと、素直に考えれば理解できることも、そうはいかなくなる。わざわざ別の解釈をしたり、意味を勝手にねじ曲げてみたりと、自分でわかりにくくしているだけ、という人も見受けられる。

▶ 「素直な気持ち」で数学を受け入れよう！

　「苦手でも点さえ取れればよい」と考えるなら、数学に対する"嫌悪感"を捨ててみよう。別に数学がキミをいじめているわけではない。「わからない」「点が取れない」という理由で数学に嫌気がさしているだけなのだ。

　逆に言うと、少しでもわかるようになり、点が取れるようになれば、こうした抵抗感も薄らいでいく。それには、「素直な気持ちで数学に向き合う」姿勢を身につけることが大切だ。

　「とりあえず受け入れる素直さ」や「言われた通りのことをやってみる忠実さ」は、この本のテーマである"手で覚える数学"の勉強を成功させるために欠かせない。もちろん、性格まで変える必要はない。数学の勉強をするときに「素直になってみる」だけでかまわない。

約束事や定義を示す"定義型"の導入例

C 命題 $p \Longrightarrow q$

今後，条件を単に p, q などの文字で表すことにする。 ← いきなり約束事から

実数について述べた命題「3より大きければ，1より大きい」は，実数 x に関する2つの条件

$$p : x > 3, \quad q : x > 1$$

← わざわざ難しく書いているようでわかりにくい。

を用いて，

$$p \text{ ならば } q$$

← $x > 3$ ならば $x > 1$

と表現することができる。このような命題を，$p \Longrightarrow q$ と書く。 ← 約束事

命題 $p \Longrightarrow q$ について，p を **仮定**，q を **結論** という。 ← 定義

実数全体の集合 R の要素のうち，
　　$x > 3$ を満たす x の値全体の集合を P,
　　$x > 1$ を満たす x の値全体の集合を Q
とすると，$P \subset Q$ が成り立つ。

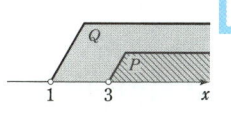

← $P = \{x \mid x > 3,\ x \text{ は実数}\}$
　$Q = \{x \mid x > 1,\ x \text{ は実数}\}$

『高等学校　数学Ⅰ』（数研出版、p.52）

GUIDE 5 のまとめ

1. "公式証明型"の導入は、わからなくても解法確認に進んでよい。
2. "助走路型"の導入は、できるだけ頑張って食いついていこう！
3. "定義型"の導入は、
　「素直な気持ち」で向き合うことが大切。

GUIDE 6 手を動かしながら前に進む

わからなければ暗記で乗り切る！

教科書の解き方を忠実にマネる

▶ **導入も解法確認も理解できないときは…**

　導入が理解できなくても、「解き方」さえ理解できれば、とりあえず問題を解くための"道具"が手に入る。しかし、導入はもとより、それに続く解法確認がわからないことがあるかもしれない。下の例を見てほしい。

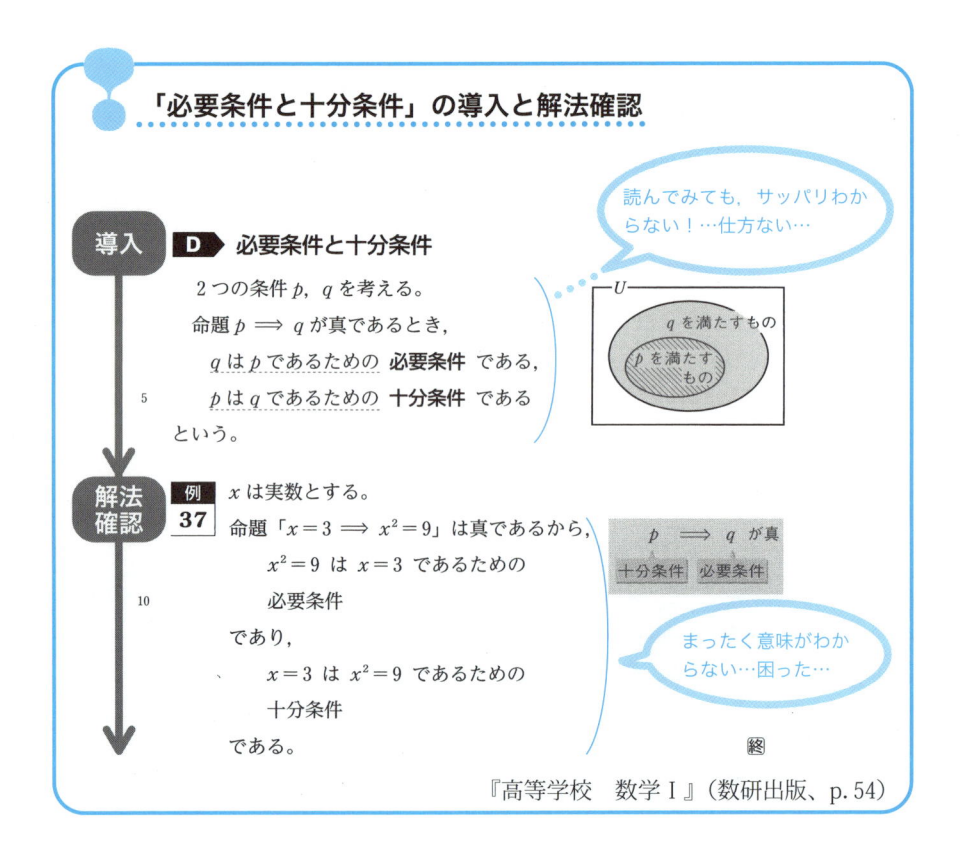

「必要条件と十分条件」の導入と解法確認

導入

D 必要条件と十分条件

2つの条件 p, q を考える。
命題 $p \Longrightarrow q$ が真であるとき、
　q は p であるための **必要条件** である、
　p は q であるための **十分条件** である
という。

〔読んでみても、サッパリわからない！…仕方ない…〕

（図：U の中に q を満たすもの、その中に p を満たすもの）

解法確認

例37 x は実数とする。
命題「$x=3 \Longrightarrow x^2=9$」は真であるから、
　$x^2=9$ は $x=3$ であるための
　　必要条件
であり、
　$x=3$ は $x^2=9$ であるための
　　十分条件
である。

$p \Longrightarrow q$ が真
十分条件　必要条件

〔まったく意味がわからない…困った…〕

終

『高等学校　数学Ⅰ』（数研出版、p.54）

▶ 解法確認で行き詰まったら導入に戻る

　例に挙げた「必要条件と十分条件」の導入のタイプは"定義型"である。すんなり理解できそうもないので解法確認（「例37」）に進むが、ここでも「何をやっているのか」がよくわからない。解き方を理解できなければ先に進めない。さて困った、どうすればよいだろう。

　解法確認（例題）がわからないとき、最初に試してほしいのが「導入に戻って考える」ことだ。もっとも、「理解できるまで自力で考えろ」と酷な要求をするわけではないので安心してほしい。

　「導入の理解」はいったん脇に置いて、**導入と解法確認がどういう形で対応しているのかに注目**してみるのだ。ノートや教科書を眺めながら頭で考えるだけでなく、実際に手を動かす作業をしてみよう。

▶ 導入と解法確認の"対応関係"に注目する

　まず、教科書の導入では2行目に、

　　「命題 $p \Rightarrow q$ が真であるとき」

と書かれている。「例37」でここと対応する記述が、

　　「命題『$x=3 \Rightarrow x^2=9$』は真であるから」

であることはすぐに見抜けるだろう。では、この2つを線で結んでみよう（前ページに直接書き込んでよい）。

　さらにここから、「p と $x=3$」「q と $x^2=9$」がそれぞれ対応していることがわかる。これも線で結んでおく。あとは、

　　「q は p であるための必要条件」（導入）

　　「$x^2=9$ は $x=3$ であるための必要条件」（「例37」）

が対応関係にあり、さらに、

　　「p は q であるための十分条件」（導入）

　　「$x=3$ は $x^2=9$ であるための十分条件」（「例37」）

も対応していることがわかる。これらも線で結ぶ。

▶ 導入を図式化したものを覚えよう！

　このようにして、導入と解法確認を見比べて、対応する記述を線で結んだものを下に載せておく。

　これを見ると、導入の文章と例題の「解き方」が、同じ形式であることがわかる（条件を p や q の記号で表すか、具体的な数式で表すかの違いだけ）。

　つまり、導入がそのまま「解き方」の形になっていて、**結局は導入をそのまま覚えないと問題が解けないわけである。**

　こういうケースは "定義型" の導入ではよくある。しかし、さすがに文章を丸ごと暗記するのはしんどいし、問題を解くときに考えにくい。そこで、授業や教科書では、導入の内容を図式化して示すことがある。

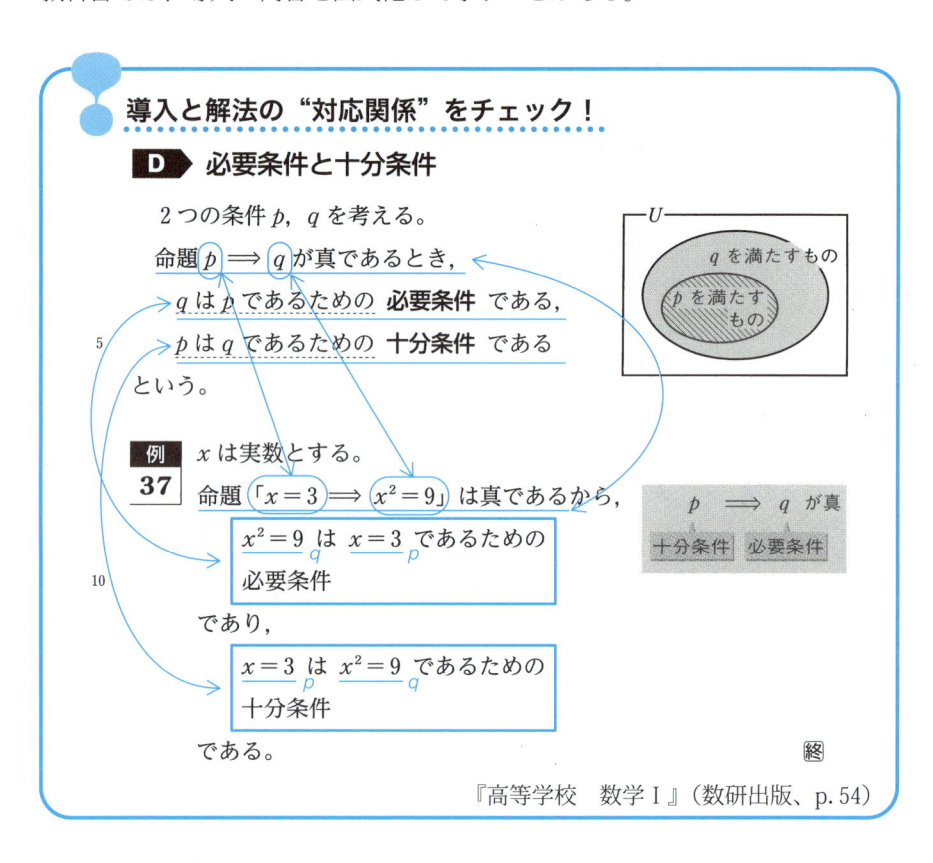

導入と解法の "対応関係" をチェック！

D ▶ 必要条件と十分条件

　2つの条件 p, q を考える。
命題 $p \Longrightarrow q$ が真であるとき，
　　q は p であるための **必要条件** である，
5　　p は q であるための **十分条件** である
という。

例37　x は実数とする。
命題「$x=3 \Longrightarrow x^2=9$」は真であるから，

$$\boxed{x^2=9 \text{ は } x=3 \text{ であるための} \\ \text{必要条件}}$$
$$\underset{q}{x^2=9} \quad \underset{p}{x=3}$$

10　であり，

$$\boxed{x=3 \text{ は } x^2=9 \text{ であるための} \\ \text{十分条件}}$$
$$\underset{p}{x=3} \quad \underset{q}{x^2=9}$$

である。

$p \Longrightarrow q$ が真
十分条件　必要条件

［終］

『高等学校　数学 I 』（数研出版、p.54）

教科書では、「例37」のところに、右のような図がある。実は、これが導入を簡潔に図式化したものである。だから、導入の文章ではなく、この図を覚えてしまえばよいのだ。

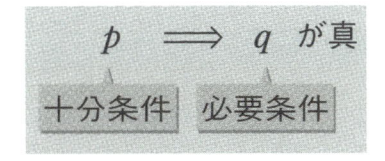

$p \Longrightarrow q$ が真
十分条件　必要条件

▶ "理屈抜きの暗記"で問題にチャレンジ！

右上の図の意味を言葉で表してみよう。

> $p \Rightarrow q$ が真であるとき、p（矢印の起点）は q であるための十分条件であり、q（矢印の先）は p であるための必要条件である。

教科書の導入の文章と比べると、必要条件と十分条件の順番が逆になっているが、意味する内容は同じだ。

では、この図を使って問題が解けるかどうか試してみよう。

まずは、右上の図をノートに書き写してほしい。いずれは覚えることになるが、まだ覚えなくてもよい。

書き写した図を見ながら、下の問題を解いてみよう。これは、同じ教科書の「例37」のあとにくる練習問題（「練習64」）をそのまま持ってきた。

ちなみに、センター試験でも、このような問題は毎年かならず出題されている。

> **練習64** a, b は実数とする。次の ☐ に、「必要」、「十分」のうち、適する言葉を入れよ。
> (1) $a > 1$ は $a > 0$ であるための ☐ 条件である。
> (2) $(a-b)a = 0$ は $a = b$ であるための ☐ 条件である。
>
> 『高等学校　数学Ⅰ』（数研出版、p.54）

▶ 解けないときは、もう一度導入に戻る

先に正解を示すと、(1)が十分条件、(2)が必要条件である。すでにこの項目を授業で習って解き方が身についている人なら、簡単に解けただろう。

まだ習っていない人や、一度習ったものの忘れてしまった人は、ちょっと困ったかもしれない。なぜかと言うと、図の「$p \Rightarrow q$ が真」の部分が設問では何も書かれていないからだ。

授業では、そのあたりのことも含めてきちんと説明してくれるだろう。たとえば(1)の場合は、$a>1$ と $a>0$ の2つの条件を、"覚えるべき図"に出てくる「$p \Rightarrow q$ が真」の形にする必要がある。

ここで行き詰まった人は、もう一度導入に戻ってみよう。導入には右のような図(ベン図)がある。なんのためにこれが載っているかというと、これが「$p \Rightarrow q$ が真である」ことを表しているからだ。

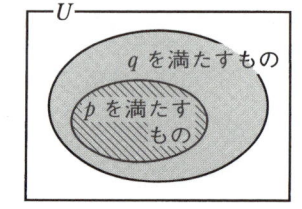

授業では、そのことを「必要条件と十分条件」の項目に入る前にかならず教えるし、教科書にも載っている。

もしこれが理解できなければ、「$p \Rightarrow q$ が真のとき、内側の円が p、外側の円が q」と丸暗記してしまってもかまわない。

▶ 「解き方」に関係する図は自分で描く！

では、(1)の条件である $a>1$ と $a>0$ の関係を、教科書と同じようなベン図で表してみよう。これも自分の手で描いてほしい。その前に、数直線で表してみると両者の関係がいっそうわかりやすくなる(右図参照)。

実は、これも授業で説明してくれるだろうし、教科書にも出てくる。大切なのは、とにかく自分の手を動かして図を描き、それを見なが

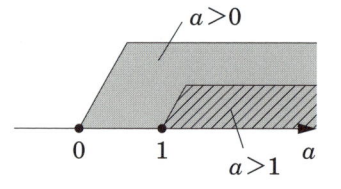

ら考えることだ。

　数直線を見ると、$a>1$ の範囲が $a>0$ の範囲の中にすっぽりと収まっている。これをベン図で表すと図1のようになり、

> 　　$a>1 \Rightarrow a>0$ は真である。

と表すことができる。これと図2（覚えるべき図）の位置関係の比較から、

　$a>1$ は $a>0$ であるための十分条件
となる（正解は十分条件）。

　(2)は、まず $(a-b)a=0$ を解いて、
　$a=b$ または $a=0$
となり、これと $a=b$ との関係は、右の図3のようになる。ここから、

> 　　$a=b \Rightarrow (a-b)a=0$ は真である。

と表せる。これと図2の比較から、
　$(a-b)a=0$ は $a=b$ であるための必要条件
となる（正解は必要条件）。

図1

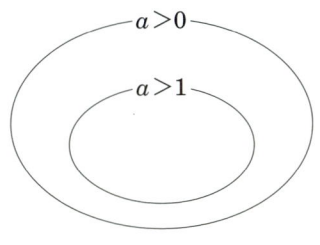

図2　$p \Longrightarrow q$ が真　十分条件　必要条件

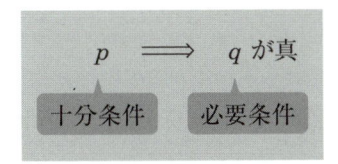

図3

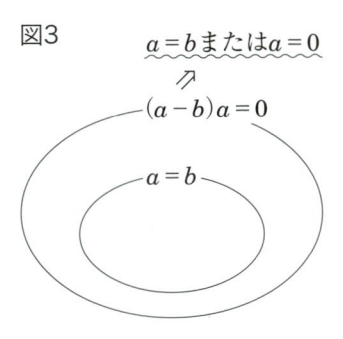

▶ 理解できなくても暗記でしのげる！

　ここまでで、私の言いたいことが伝わっただろうか。導入や解法確認がわからないときは、理屈抜きで「解き方」を暗記してもかまわない、それで問題が解けるなら何も悩むことはない、ということを知ってほしいのだ。

　もともと「必要条件と十分条件」は難しい。東大生に聞いても、「授業を聴いたときは全然理解できなかった」と言う人が多かった。

　「じゃあ、どうやって乗り切ったの？」と彼らに聞くと、「わかるまでとことん調べたり質問したりした」という人と、「わからないから、とにかく丸暗記で対

応した」という人に分かれた。

　何事も理解しないと気がすまない人は、前者のタイプだろう。ただ、これをやっていると、数学の勉強にものすごく時間がかかるし、1カ所でもわからないことがあると、そこから先に進むことができなくなってしまう。

　数学に苦手意識があって、それでも「点さえ取れればよい」と考えるならば、ここは迷わず後者、つまり**「理解できないときは、丸暗記で対応する」**ことを勧めたい。実は、私も高校1年のころは数学が大の苦手で、テスト前になると必死で解き方を暗記した。そして、それなりによい点を取っていた。

▶ 「マネる」ことが学ぶことの原点

　「必要条件か十分条件か」を問う問題は、基本的に41ページ右上に載せた図を暗記しておけば対応できる。

　このときに重要なのは、**授業で習った解き方や教科書に出てくる解法をそっくりマネすることだ。**「なぜだろう？」とか「これは違うんじゃないか？」などと余計なことを考えずに、素直な気持ちでマネをするのがポイントだ。

　そのことを意識しながら、もう1題、別の問題を解いてみよう。問題と"覚えるべき図"を下に載せておくので、さきほどの解き方をそっくりマネして解いてみてほしい。解答例を次ページに載せておく。

《問題》

　次の［　］に、「必要」、「十分」のうち、適する言葉を入れよ。

　　$x=2$ は、$x^2-5x+6=0$ であるための［　］条件である。

《覚えるべき図》

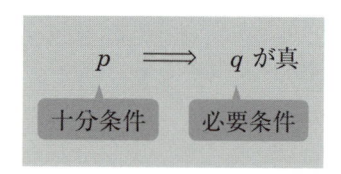

$$p \implies q \text{ が真}$$

　　十分条件　　必要条件

《解答例》

　$x^2-5x+6=0$ を因数分解する。

　$(x-2)(x-3)=0$ より，$x=2$ または 3

　よって，$x=2$ と $x^2-5x+6=0$ は右図のような
関係になる。これより，

　$x=2 \Rightarrow x^2-5x+6=0$ は真である。 …①

　①より，$x=2$ は $x^2-5x+6=0$ であるための［十分］条件である。

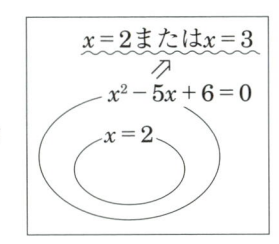

《解説》

1．$x=2$ を $x^2-5x+6=0$ に代入すると成り立つので，①は真である。
2．①と《覚えるべき図》の位置関係を比較すると下のようになり，

┌─《①》────────────┐　┌─《覚えるべき図》────────┐
│ $x=2 \Rightarrow x^2-5x+6=0$ が真 │　│ $p \Rightarrow q$ が真 │
│ 十分条件　　必要条件 │　│ 十分条件　　必要条件 │
└──────────────────┘　└──────────────────┘

下線部の答えが成り立つ。もし設問が，

　「$x^2-5x+6=0$ は $x=2$ であるための［　　］条件である」

となった場合は，上の図から［必要］条件が正解になる。

GUIDE 6 のまとめ

1. 解法確認の解き方がわからないときは導入に戻ってみよう。
2. 授業や教科書でやった解法を、そっくりマネして問題を解く。
3. 導入や解法確認にある図は、
　　かならず自分で描きながら解こう！

GUIDE 7 具体化による理解のサポート

導入と解法確認を往復してみよう!

抽象的な導入を具体化して考える

▶ 教え方が上手な教師は"具体化"がうまい

　前節の「必要条件と十分条件」が難しいのは、必要条件と十分条件の意味をつかみにくいことにもある。逆に言うと、「どういうときが必要条件で、どういうときが十分条件なのか」を理解していれば、抽象的な導入の意味がぐんとわかりやすくなる。

　授業では、このあたりを丁寧に教えてくれるとありがたい。教え方が上手な教師は、記号ばかりで表される抽象的な導入を、**身近で具体的な事例に置き換える**ことで、うまく生徒を理解に導いてくれる。

　こういう教師に当たればラッキーだ。

▶ 身近なものに置き換えると理解しやすい

　たとえば、前節の「必要条件と十分条件」を、身近な例にたとえて次のように説明してくれたとしたらどうだろう。

　「『キミたち1年3組の生徒なら、誰でもかならず1年生である』というのは正しいかな?」

　これは正しいと誰もが思う。続けて教師がこう問いかける。

　「1年生であれば、誰でもかならず『1年3組の生徒である』というのはどうかな?」

　これは正しくない。1年生でも、1年1組や1年5組の生徒かもしれず、「誰でもかならず1年3組の生徒である」とは言えない。

　生徒の反応を確認した教師は、次ページのようなベン図を黒板に描いてみせ

る。「では、この2つの条件は、こういう関係になっているよね」と。

板書を示しながら、さらに続ける。

「1年3組の生徒であれば、かならず1年生であると言えるね」

「つまり『1年3組の生徒である』というだけで、『1年生である』という条件を"十分に満たしている"わけです」

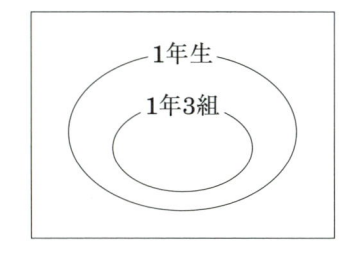

「だから、1年3組の生徒であることは、1年生であるための『十分条件』となるわけです」

うーむ、だから「十分条件」なのか。

「逆に、『1年生である』というだけでは、『1年3組の生徒である』とは言えません。1年2組の生徒かもしれませんしね。ただ、『1年生である』ことは、『1年3組の生徒である』ためには必要な条件ですね？」

確かにそう言われればそうだ。

「だから、『1年生である』ことは『1年3組の生徒である』ための必要条件と言うんですね」

こんな風に説明されると、わかった気にさせられる。

▶ 理解したことを解法確認に活かそう！

必要条件と十分条件の関係を「1年3組の生徒」と「1年生」のたとえで理解できたと思ったら、今度は数式を条件とする問題に戻って考えてみよう。以前よりもかなりわかりやすくなっているはずだ。

たとえば、前節の最後に出した問題を2つの設問に分けてみたので、さきほどの説明と同じようにして考えてみてほしい。

(1) $x=2$ は、$x^2-5x+6=0$ であるための [　　] 条件である。
(2) $x^2-5x+6=0$ は、$x=2$ であるための [　　] 条件である。

まずは(1)から。

$x=2$ であれば、かならず $x^2-5x+6=0$（$x=2$ または $x=3$）という条件を満たす。つまり、「$x=2$ である」というだけで「$x^2-5x+6=0$ である」という条件を"十分に満たしている"ことになる。よって、

　　<u>$x=2$ は、$x^2-5x+6=0$ であるための十分条件である</u>

(2)はどうだろう。

「$x^2-5x+6=0$（$x=2$ または $x=3$）」であれば、かならず「$x=2$ である」とは言えない（なぜなら、$x=3$ のときもあるので）。

ただ、「$x^2-5x+6=0$ である」ことは、「$x=2$ である」ためには必要な条件と言える。よって、

　　<u>$x^2-5x+6=0$ は、$x=2$ であるための必要条件である</u>

どうだろう。最初は"暗記だけ"で解いた問題の意味が、なんとなくわかってきたように感じないだろうか。

▶ 導入と解法確認の"往復"が理解を助ける

これまで、「導入がわからなければ、解法確認に進んでかまわない」と書いてきた。しかし、わかりにくい導入を飛ばし、**解法確認で「解き方」を理解できたときは、もう一度導入に戻ってみてほしい**。「ああ、そういうことなのか」と、導入の意味が見えてくることがあるからだ。

たとえば、「2次不等式の解き方」の基本的な考え方を示した導入とそれに続く「例18」（解法確認）を次ページに載せた。

導入を読んでいても、すんなり頭に入ってこない感じがするかもしれない。

それに対して「例18」の解法確認は、解き方の手順やグラフが具体的で、丁寧に追っていけば「どうやって解いているのか」がわかるだろう。

そこで、もう一度導入を見る。要は $y=ax^2+bx+c$ のグラフ（下に凸）と x 軸との交点（$ax^2+bx+c=0$ の異なる2つの実数解を、導入では α, β と置いた）を求めてから、グラフを描いて $y>0$ や $y<0$ となる x の範囲を求めればよい、ということを言っているにすぎない。

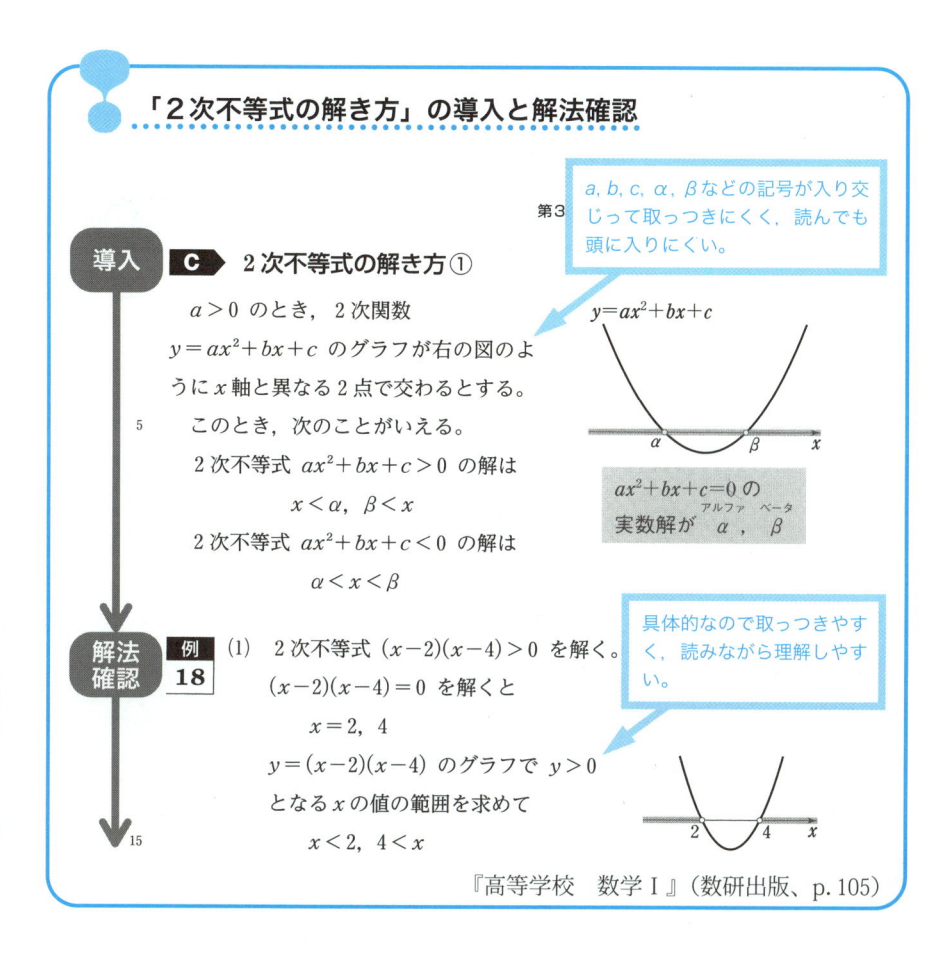

「2次不等式の解き方」の導入と解法確認

導入

C ▶ 2次不等式の解き方 ①

> a, b, c, α, β などの記号が入り交じって取っつきにくく，読んでも頭に入りにくい。

$a > 0$ のとき，2次関数 $y = ax^2 + bx + c$ のグラフが右の図のように x 軸と異なる2点で交わるとする。
このとき，次のことがいえる。
2次不等式 $ax^2 + bx + c > 0$ の解は
$$x < \alpha,\ \beta < x$$
2次不等式 $ax^2 + bx + c < 0$ の解は
$$\alpha < x < \beta$$

$y = ax^2 + bx + c$

$ax^2 + bx + c = 0$ の実数解が α（アルファ），β（ベータ）

解法確認

例18 (1) 2次不等式 $(x-2)(x-4) > 0$ を解く。
$(x-2)(x-4) = 0$ を解くと
$$x = 2,\ 4$$
$y = (x-2)(x-4)$ のグラフで $y > 0$ となる x の値の範囲を求めて
$$x < 2,\ 4 < x$$

> 具体的なので取っつきやすく，読みながら理解しやすい。

『高等学校 数学Ⅰ』（数研出版、p.105）

このように、抽象的な導入とそれに続く具体的な解法確認は、行ったり来たりすることで互いの理解を助け合う面があるので、ぜひ実践してほしい。

GUIDE 7 のまとめ

1. 抽象的な導入も、具体的な事例で考えるとわかりやすくなる。
2. 導入で理解した考え方は、解法確認でも活かしてみよう！
3. 解法確認が理解できたら、もう一度導入に戻ってみる。

GUIDE 8 暗記から理解へいたるプロセス

手を動かすうちに「理解」が降りてくる！

「手を動かし続ける」ことの意味

▶ 「このやり方で大丈夫？」と心配する前に

　数学の勉強をしていると、かならず「理解できないこと」に直面する。これはもう、数学という教科の"宿命"だと考えてよい。

　「理解」にこだわりすぎると、わからないことがあったときに前に進めなくなってしまう。そこで、「理解すること」をいったん棚上げし、とにかく「**問題が解ければいい**」と割り切って前に進んでいけばよい。

　「そのやり方で本当に大丈夫なの？」といった疑問や不安は、当然あるだろう。しかし、「ダメだったらどうしよう」と先の心配をするよりも、まず一歩、自分から動き始める、試してみることが大切だ。

▶ 手を動かさないとわからないことがある

　「試してみないことにはわからない」
　「自分で試すうちにわかってくることがある」
　これは数学の勉強に限ったことではない。たとえば、スマホを持っている人は、いまでこそ自由に使いこなしているだろうが、最初のうちは思うように操作ができなかったはずだ。

　わかりにくい説明書を見てあれこれと自分で試したり、友人に聞いたりしながら、少しずつ操作方法がわかってくる。操作方法がある程度わかってから説明書を読むと「なるほど、そういうことだったのか」と納得する。

　私もスマホを持っているが、使い方がわからない機能やアプリがたくさんある。それを、キミたちはいとも簡単に使いこなしている。私とキミたちの違い

は「実際に自分の手を動かした時間の差」なのだ。手をほとんど動かしていない私は、説明書の内容がいまだに理解できずに困っている……。

▶「あ、そうだったのか！」とわかる瞬間

手を動してたくさんの問題を解いているうちに、以前はわからなかったことが「そういうことだったのか！」とわかる瞬間がやってくる。これは、多くの受験生が体験することである。

「必要条件と十分条件」にしても、いまはよく理解できなくても、手を動かしながら問題を解いているうちに、「どういうときが必要条件で、どういうときが十分条件なのか」が、感覚的にわかるようになってくる。

この段階までくると、「あ、わかった！」という理解が降りてくるまであと一歩だ。何かがきっかけになってその瞬間が訪れる。ただ、それがいつになるのかはわからない。1週間後かもしれないし、半年先かもしれない。

中でも多いのは、高3で本格的な受験勉強に取り組んでから、高1の授業でわからなかったことが初めて理解できた、というケースだ。受験用の参考書や模試の解答・解説などがそのきっかけを作る。

▶「手が覚えて理解する感覚」をつかもう！

最初のうち、意味がわからずに「解き方」を暗記して解いている。しかし、手を動かしてたくさんの問題を解くうちに、「わかる」ような感じがしてくる。そして、何かのきっかけで「そうか、わかった！」となる……。

こうした体験がないキミたちにとって、私が言っていることは、頭ではわかっても実感として迫ってこないだろう。どうすれば同じような感覚を味わってもらえるか、私なりに考えてみたが、やはり自分で手を動かしながら数多くの問題を解いていくしかない。

この章では、「必要条件と十分条件」の項目をしつこく取り上げてきた。その狙いは、「導入が理解できなくても問題さえ解ければよい」ことを知ってもらう

ことと、「手を動かしているうちに、なんとなくわかってくるような感覚」を感じ取ってもらうことにある。

では、この章の締めくくりとして、この章でお話ししてきたことを思い出しながら下の問題を解き、「わかってくる感覚」を味わってほしい。

《問題》
　次の [　] に「必要」「十分」のうち、適する言葉を入れよ。ただし、a, b は実数とする。
(1)　$a < -3$ は $a < -1$ であるための [　] 条件である。
(2)　$a^2 = 4$ は $a = 2$ であるための [　] 条件である。
(3)　$ab > 0$ は、$a > 0$ かつ $b > 0$ であるための [　] 条件である。

▶ 自信がなければ、基本に忠実に解いてみよう！

「必要条件」と「十分条件」の意味について、自分なりに正しい理解が得られている人は、わざわざ"覚えるべき図"やベン図を描かなくても正解できてしまうに違いない。

ただ、やはり最初のうちは、面倒に感じても教科書の解法確認（例題）に出てくる解き方をそっくりマネして解いてほしい（ベン図などもすべて自分の手で描く）。これが"手で覚える数学"の原点であり、「暗記」から「理解」を引き出すための有効な手段になる。

「やっぱり難しい」「考えているうちに混乱してきた」という人は、GUIDE6（38～45ページ）でお話ししたように、まず"覚えるべき図"を描いてから、「$p \Rightarrow q$ が真である」の形にそろえて両者を比較してみよう。ちなみに、"覚えるべき図"を何も見ずにスッと描けたら、それこそ「手を動かしているうちに自然に覚えてしまった」のである。この感覚も大事にしよう。

次ページに解答例を示すので、解答検討をしてほしい。不正解の問題は、なぜ間違えたのかを確認してから解き直そう。

《解答例》

(1) $a<-3$ と $a<-1$ の関係は下のようになる。

《覚えるべき図》
$p \Rightarrow q$ が真
十分条件　必要条件

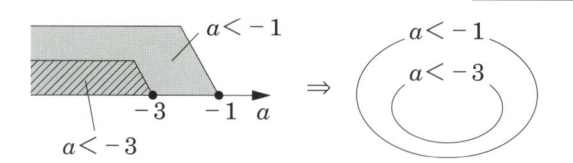

よって，$\underset{\text{十分条件}}{a<-3} \Rightarrow \underset{\text{必要条件}}{a<-1}$ が真であり，

$\underline{a<-3}$ は $a<-1$ であるための[**十分**]条件である。

(2) $a^2=4$ と $a=2$ の関係をベン図で表すと右のようになる。

よって，$\underset{\text{十分条件}}{a=2} \Rightarrow \underset{\text{必要条件}}{a^2=4}$ が真であり，

$\underline{a^2=4}$ は $a=2$ であるための[**必要**]条件である。

$a=-2, 2$
$a^2=4$
$a=2$

(3) $ab>0$ のとき，[$a>0$ かつ $b>0$] または [$a<0$ かつ $b<0$] であるから，$ab>0$ と [$a>0$ かつ $b>0$] の関係は右のようになる。

よって，$\underset{\text{十分条件}}{a>0 \text{ かつ } b>0} \Rightarrow \underset{\text{必要条件}}{ab>0}$ は真であり，

$\underline{ab>0}$ は $a>0$ かつ $b>0$ であるための[**必要**]条件である。

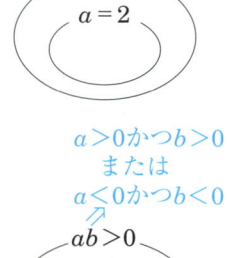

$a>0$ かつ $b>0$
または
$a<0$ かつ $b<0$
$ab>0$
$a>0$ かつ $b>0$

GUIDE 8 のまとめ

1. 自分で試さないうちは何も始まらない！
2. 数学では「あとになってわかること」が多い。
3. 「手を動かすほどわかってくる感覚」を大切にしよう！

第3章

見よう見まねで解いてみよう！

教科書例題をモノにする

GUIDE 9　解法確認の取り組み方①

例題の解答を隠して自分で解く！

「わかる→解ける」の道筋を作る

▶ 《解法確認→解法定着》が最大のヤマ場！

　1章でもお話ししたように、《解法確認→解法定着》のステップが、"手で覚える数学"の最大のヤマ場だ。

　この章では、解法確認と解法定着で大切なポイントを示していく。基本となるのは、やはり「手を動かす」ことだ。下の教科書例題を見てほしい。2次式 ax^2+bx+c を $y=a(x-p)^2+q$ の形に変形する「平方完成」の解法確認である。

平方完成の解法確認（教科書）

例7

(1) x^2+4x を平方完成する。
$$x^2+4x=(x+2)^2-2^2$$
$$=(x+2)^2-4$$

(2) $2x^2-8x+5$ を平方完成する。
$$\underline{2x^2-8x}+5=\underline{2(x^2-4x)}+5$$
　　　　①　　　　　②
$$=2\{(x-2)^2-2^2\}+5$$
　　　　　　　③
$$=2(x-2)^2-2\cdot4+5$$
$$=2(x-2)^2-3$$
終

$$x^2+\blacksquare x=\left(x+\frac{\blacksquare}{2}\right)^2-\left(\frac{\blacksquare}{2}\right)^2$$
　　　　　　　　半分

(1)の変形操作を示す。

① x^2, x を含む項を x^2 の係数2でくくる。
② $x^2-4x=\left(x-\frac{4}{2}\right)^2-\left(\frac{4}{2}\right)^2$
③ 2を掛けて { } をはずす。

(2)の①，②，③の操作を説明。②は上と同じ変形操作。

『高等学校　数学Ⅰ』（数研出版、p.76）

まずは「解答の理解」を最優先する

　解法確認で一番大切なのは、答えを導くまでのプロセスで「何をやっているのか」を理解することである。平方完成の手順を授業で習った人は、「例7」の(1)、(2)ともに「何をやっているのか」がわかるだろう。

　習っていない人は「なぜそんな風に変形できるの？」と、いきなり疑問に突き当たるかもしれない。習っていなければ理解できなくて当然だが、意味もわからないまま、

$$x^2+4x=(x+2)^2-2^2$$
$$=(x+2)^2-4$$

の式を丸暗記しても使えないのはわかるだろう（そもそも丸暗記すら難しい）。ここで覚えるべきことは「平方完成の変形手順」である。もちろん、授業ではこの手順を丁寧に教えてくれるはずだ。それでもわからなければ教師に質問して、すぐに疑問を解消しておこう。授業中に質問するチャンスがなければ、職員室に戻ろうとする教師を引き止めてでも食い下がってほしい。

　授業で習っていない人、習ったものの「例7」の解答の意味がわからない人のために、平方完成の手順を確認しておこう。授業を受けているつもりで読んでほしい（わかっている人は読み飛ばしてかまわない）。

教科書のカコミを"公式"と考える

　平方完成のような重要な項目は、教科書でもわかりやすく伝える工夫をしている。前ページの「例7」では、平方完成の手順がカコミで説明されており、これを"平方完成の公式"だと考えてよい。

　では、この"公式"を見ながら例題の"解答の意味"を探ってみよう。

　(1)の右のカコミには、$x^2+■x$の形の2次式を平方完成するためにどんな操作をすればよいのかが書いてある。つまり、xの係数■を半分にして、

$$\left(x+\frac{■}{2}\right)^2-\left(\frac{■}{2}\right)^2$$

の形を作りなさい、ということだ。

これを x^2+4x に適用するとどうなるか、実際にノートに書きながら考えてみよう。x^2+4x で■に対応するのが 4 なので、これを半分にして"公式"の通りに変形してみる。

$$x^2+4x=\left(x+\frac{4}{2}\right)^2-\left(\frac{4}{2}\right)^2$$

上の式の分数を約分して、
$$x^2+4x=(x+2)^2-2^2$$
$$=(x+2)^2-4$$

となり、(1)の解答を導くことができる。

▶ 面倒くさがらずに1行ずつ確認していこう！

「例7」の(2)も、解答の①、②、③の式変形の意味が、右のカコミで説明されている。複雑そうに見えるが、こういうときは、1行ずつ「何をやっているのか」を丁寧に確認しながら進めていこう。焦ることはないのでゆっくり考えてほしい。

まずは、

① x^2、x を含む項を x^2 の係数2でくくる。

$$2x^2-8x+5=2(x^2-4x)+5$$

この操作の意味はわかるだろう。ここで、右辺の x^2-4x の形に注目すると、(1)と同じようにして平方完成できることがわかる。つまり、

$$② \quad x^2-4x=\left(x-\frac{4}{2}\right)^2-\left(\frac{4}{2}\right)^2$$
$$=(x-2)^2-2^2$$

となるので、これを大カッコを使って元の式に入れ、

$$2x^2-8x+5=2(x^2-4x)+5$$

→ この部分に $(x-2)^2-2^2$ を代入

$$=2\{(x-2)^2-2^2\}+5$$

→ 大カッコ｛　｝を使う

の式変形ができる。あとは、

「③2を掛けて｛　｝をはずす」にしたがって計算すると、

$$2x^2-8x+5=2(x^2-4x)+5$$
$$=2\{(x-2)^2-2^2\}+5$$
$$=2(x-2)^2-2\cdot 4+5$$
$$=2(x-2)^2-3$$

となって、(2)の解答を導ける。

▶ 「わかる」＝「問題が解ける」ではない！

　教科書の例題を理解するのに"深い思考力"は必要ない。「例7」の平方完成にしても、教師が先のように丁寧に説明してくれれば、初めて習う人でもなんとか理解できるはずだ。

　ただ、授業中に教師の説明を聴いて「なるほどそうか！」と意味がわかっても、それだけで終わってしまっては力がつかない。**「解答の意味がわかる」ことと「自力でその問題が解ける」ことはイコールではないのだ。**

　数学が伸びない人に共通するのは、授業を聴いて「わかった」だけで満足してしまい、自分の手を動かして問題を解く作業（解法定着）を怠っている点である。早い話が、**演習量が足りていないのである。**

▶ 解答を隠して例題を自分で解き直す

　授業で教科書の例題が扱われるときは、教師が一方的に解き方を説明して次に進むことが多い。生徒の側は板書を写すのに精一杯で、例題を自分で解き直すようなことはしていないだろう。

しかし、解答を理解できたら、同じ例題を今度は解答を隠して自分で解いてみよう。本当に解答を理解したのかどうか、**理解した解き方を使って同じ解答が書けるかどうかを試すためだ。**

授業中にその時間が取れないときは、その日、家に帰ってからでもかまわないので、これはかならず実行してほしい。自分の手を動かして例題を解くことで、理解した解法が圧倒的に記憶に残りやすくなる。

「例7」の場合、解答を隠すと次のような問題を解くことになる。

(1) x^2+4x を平方完成せよ。
(2) $2x^2-8x+5$ を平方完成せよ。

せっかくなので、これも解いてみよう。平方完成をここで初めて習った人は、ちょっと手こずるかもしれない。これは、「式変形の手順は理解できたが、それを使いこなせるレベルに達していない」ということである。

手が動かない人や途中で行き詰まった人は、先ほどの説明（57〜59ページ）をもう一度読んでからチャレンジしてみよう。

▶「わかる」から「解ける」への通路を開く

授業では、例題のあとに練習問題へと進む。練習問題は、基本的に例題で示された解き方をそのまま適用すれば解けるようになっている。

解き方をまだモノにしていない最初のうちは、例題の解答を参照しながら、見よう見まねで練習問題を解いてもかまわない。しかし、最終的には「**問題を見た瞬間に手が勝手に動く**」「**途中で詰まらずに一気に正解を導ける**」ようにすることが目標となる。

そのために大切なポイントが2つある。1つは、例題と練習問題の間隔を空けないことだ。**授業で例題を習ったら、その日のうちに練習問題に取り組むようにしよう。**間を空けすぎると、せっかく理解した解き方を忘れてしまい、また最初から始めなければならない。これは時間と労力のムダだ。

《解法確認→解法定着》の勉強法フローチャート

❶ 例題の解答の意味を理解することに集中する
　＊疑問点はその場で質問して解決する。

❷ 説明を思い出しながら、同じ例題を自分でも解いてみる
　＊解答を隠して解く。
　＊わからなくなったら解答を見てもよい。

❸ 例題のあとの練習問題を解く
　＊その日のうちに取り組む。
　＊最初のうちは例題を見ながらでもよい。

❹ くり返し復習して確実に定着させる
　＊4章を参照。

　もう1つのポイントは、練習問題をくり返し復習しながら、例題の解答とほぼ同じ答案を書けるようにすることだ。野球にたとえると、素振りの練習をして「正しい打撃フォーム」を身につけ、それを試合でも実践できるようにするのと同じだ。詳しくはGUIDE11（66ページ）でお話ししよう。

GUIDE 9 のまとめ

1. 解法確認では「答えにいたる道筋の理解」が一番重要！
2. 授業で説明された例題は、解答を隠して自分で解いてみる。
3. 最初の段階では、教科書やノートを見ながら解いてもよい。

GUIDE 10 解法確認から解法定着へ

「解けないはずがない」と確信して解く

あきらめずに手を動かそう！

▶ 教科書に日付を書き込んでおく

　教科書例題の解答（解き方）を理解したら、練習問題を解くステップ（解法定着）に入る。練習問題を解く際のポイントについて、引き続き「平方完成」を例にしてお話ししよう。

平方完成の例題と練習問題（教科書）

7/10　**例7**

(1) x^2+4x を平方完成する。
$$x^2+4x = (x+2)^2-2^2$$
$$= (x+2)^2-4$$

$x^2+\blacksquare x = \left(x+\dfrac{\blacksquare}{2}\right)^2-\left(\dfrac{\blacksquare}{2}\right)^2$
└─半分─┘

(2) $2x^2-8x+5$ を平方完成する。
$$\underbrace{2x^2-8x}_{①}+5 = \underbrace{2(x^2-4x)+5}_{②}$$
$$\underset{③}{=} 2\{(x-2)^2-2^2\}+5$$
$$= 2(x-2)^2-2\cdot 4+5$$
$$= 2(x-2)^2-3 \quad \text{終}$$

① x^2, x を含む項を x^2 の係数 2 でくくる。
② $x^2-4x = \left(x-\dfrac{4}{2}\right)^2-\left(\dfrac{4}{2}\right)^2$
③ 2 を掛けて（ ）をはずす。

7/10　**練習9**　次の 2 次式を平方完成せよ。

(1) x^2+8x ⇒上の(1)と同じ
(2) $\boxed{x^2-6x}+8$　←この部分は上の(1)を利用できそう！
(3) $2x^2+4x+5$ ⇒上の(2)と同じ
(4) $3x^2-6x-2$ ⇒3でくくれば(2)と同じ
(5) x^2+x-2 ⇒難しそう
(6) $-2x^2+6x+4$ ⇒難しそう

『高等学校　数学Ⅰ』（数研出版、p.76）

（日付を記入　15　20）

まずは、授業で例題を習った日付を教科書に記入しておこう。これから取り組む練習問題の脇にも、きょうの日付を書いておく。ちょっとしたことだが、この日付があとで復習をするときに役立ってくる（102ページ参照）。

▶ 解き始める前にざっくりと方針を考える

前節でもお話ししたように、練習問題は例題の解き方を使えば解けるようになっている。例題さえ理解できていれば、「手も足も出ない」ということは絶対にない。そのことをしっかり頭に入れて取り組んでほしい。

ただし、いきなり解き始めず、まずは例題と見比べながら「どうやって解けばよいか」の方針を考えてみよう。**例題で習ったことを思い出し、頭を整理してから解くほうが集中して取り組める**からだ。

前ページの「練習9」は全部で6問ある。全体を眺めると、「例7」の(1)の式変形をそのまま使えそうなのが(1)の x^2+8x、「例7」の(2)と同じ手順で解けそうなのが(3)と(4)である。

(2)の x^2-6x+8 は、x^2-6x を「例7」の(1)と同じ手順で処理すればなんとかなりそう。(5)と(6)は、例題のパターンと違うようなので苦戦するかも……。

このくらいの大まかな見通しを立ててから、順番に解いていく。

▶ 難しく感じても、すぐにパスしない！

練習問題の正解は、授業で教師が解説してくれるまでわからない。だから、ちょっと難しく感じる問題、面倒くさそうな問題は、「どうせあとで教わるから、いま解けなくてもいいや」と、飛ばしたくなるかもしれない。

たとえば、(5)の x^2+x-2 は、「例7」の x^2+4x や $2x^2-8x+5$ と違う形をしているので、解けるかどうか不安になる人もいるだろう。しかし、「例題の解き方を使えないはずがない！」「落ち着いて取り組めばかならず解ける！」と確信して、ちょっと考えてみよう。

x^2+x-2 の x の係数は1なので、「例7」の(1)の式変形を使えないこともなさ

そうだ。そう思ったらさっそく手を動かそう。

実際に、「例7」の右のカコミを見ながら解いてみると、

$$x^2+x-2=\left(x+\frac{1}{2}\right)^2-\left(\frac{1}{2}\right)^2-2$$

$$=\left(x+\frac{1}{2}\right)^2-\frac{1}{4}-2$$

$$=\left(x+\frac{1}{2}\right)^2-\frac{1}{4}-\frac{8}{4}$$

$$=\left(x+\frac{1}{2}\right)^2-\frac{9}{4} \quad \cdots \text{（答）}$$

（図中注記: $1\cdot x$／これを展開すると x^2+x になる／1の半分／$x^2+\blacksquare x=\left(x+\frac{\blacksquare}{2}\right)^2-\left(\frac{\blacksquare}{2}\right)^2$　半分）

これで正解なのかどうか不安でも、とりあえず最後まで解き切った。間違えていたら正しい解き方を習えばよいだけの話だし、正解なら「よし、やった！」と大きな満足感、自信を得られる（上の答えは正解）。

数学に苦手意識を持つ人に一番必要なのは、「自分だってやればできる！」という自信だ。難しそうな問題だからと投げ出さず、こういうところで踏みとまって問題と戦う姿勢を養っていこう。

▶ 行き詰まったら適用法を変えてみる

「練習9」では、(6)の $-2x^2+6x+4$ の平方完成で苦戦するかもしれない。

「例7」の(2)の手順をマネして、$-2x^2+6x+4=2(-x^2+3x)+4$ とやってみたものの、$(-x^2+3x)$ の平方完成の手順がわからない……。

ここで手がピタリと止まっていっこうに先に進めなくなったとき、そのまま**考え込んでいても解ける可能性は低い**。そこで、例題を見直しながら、もう一度最初に戻って適用の方法を変えてみよう。

「$-2x^2+6x$ を2でくくらず、-2 でくくってみたらどうか？」。そう思いついたら、すぐに手を動かしてみる（実際、x^2 の係数は2ではなく -2 なので、

−2 でくくるのが正しい）。

$$-2x^2+6x+4 = -2(x^2-3x)+4$$
（下線部：−2 でくくる／マイナスになることに注意！／展開して確認するとよい）

$$= -2\left\{\left(x-\frac{3}{2}\right)^2 - \left(\frac{3}{2}\right)^2\right\}+4$$
（←大カッコでくくる／3の半分）

$$= -2\left(x-\frac{3}{2}\right)^2 + 2\cdot\frac{9}{4}+4$$
（←大カッコをはずす／プラスになることに注意！）

$$= -2\left(x-\frac{3}{2}\right)^2 + \frac{9}{2}+\frac{8}{2}$$

$$= -2\left(x-\frac{3}{2}\right)^2 + \frac{17}{2} \quad \cdots\text{（答）}$$

　今度は手が止まることなく解けた。まだ正解かどうかわからないが、最後まで解き切れたことは、大きな自信につながる（上の答えは正解）。

　数学が苦手な人は、ちょっと難しいと感じたり、途中で行き詰まったりしたとき、すぐにあきらめて放り投げてしまうクセが、いつの間にか染みついてしまっているようだ。

　しかし、練習問題に限らず、テストでも入試でも「解けない問題は絶対にない」という確信を持って、あきらめずに手を動かす姿勢を身につけよう。

GUIDE 10 のまとめ

1. 例題の解き方を使えば、練習問題はかならず解ける！
2. 面倒くさそうと思っても、パスしないで手を動かす。
3. 行き詰まったときは、最初に戻って別の方法を試そう！

第3章　見よう見まねで解いてみよう！

GUIDE 11 解法確認の取り組み方②

模範解答をマネして答案を書こう！

あくまでも"お手本"に忠実に

▶ 解答を隠して例題を解く練習をする

　下の「例題2」を見てほしい。どの教科書にもかならず載っている基本問題である。2次関数 $y=a(x-p)^2+q$ のグラフは，$a<0$ のとき上に凸の放物線で，軸は $x=p$，頂点は (p, q) であると知っていれば，解答の理解は難しくない。

２次関数のグラフを描く例題

例題2 次の2次関数のグラフをかけ。また，その軸と頂点を求めよ。
$$y=-2x^2-4x+1$$

解答
$$-2x^2-4x+1 = -2(x^2+2x)+1$$
$$= -2\{(x+1)^2-1^2\}+1$$
$$= -2(x+1)^2+3$$

よって　　$y=-2(x+1)^2+3$

したがって，この関数のグラフは右の図のような放物線である。

その軸は直線 $x=-1$，頂点は点 $(-1, 3)$ である。

> 「練習9」の(6)と同じ手順で平方完成ができる（65ページ参照）。

〈補足〉　2次関数 $y=ax^2+bx+c$ において，$x=0$ のとき $y=c$ である。
　　　よって，そのグラフは y 軸と点 $(0, c)$ で交わる。

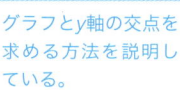

> グラフと y 軸の交点を求める方法を説明している。

『高等学校　数学Ⅰ』（数研出版、p.77）

例題の解答を隠して解いた答案例

$$\begin{cases} -2x^2-4x+1 = -2(x^2+2x)+1 \\ \qquad = -2\{(x+1)^2-1^2\}+1 = -2(x+1)^2+2+1 \\ \qquad = -2(x+1)^2+3 \\ x=-1,\ (-1,\ 3) \end{cases}$$

- グラフの描き方がかなり雑。
- y 切片の値が記入されていない
- 原点Oの記号がない
- 説明がないので何をしているのかが伝わらない→テストでは減点の可能性あり。

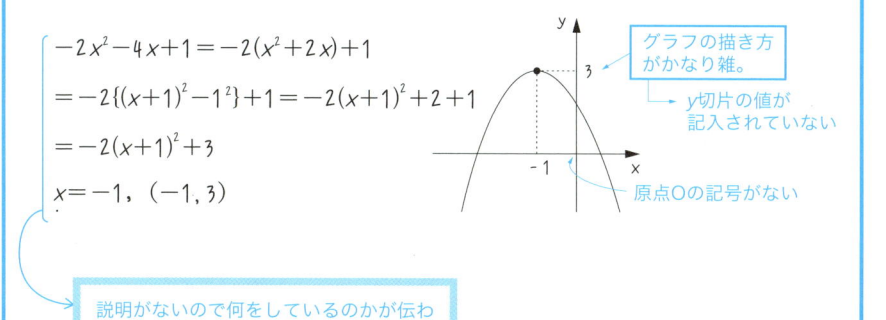

　まずは「例題2」の解答をじっくり読んでほしい。理解できたら、GUIDE 9でお話ししたように、「解答を隠して自分で解く練習」をやってみよう。

　上の答案はその一例である。平方完成がミスなくでき、軸と頂点の答えも合っているので、自分では「よし、オッケー！」と思うかもしれない。

　しかし、これでは「何をやっているのか」が人に伝わりにくい。どれが答えなのかがわからないし、教科書の解答と比べてグラフの描き方が雑だ（原点を示すOの記号が抜け、y軸とグラフの交点の座標も書いていない）。

　さらに、教科書の解答では「よって」「したがって」などの説明があるのに対して、上の答案にはいっさい説明がない。実際、このように式を羅列しただけの答案を書いてきた人も少なくないだろう。

▶「言葉による説明」を積極的に答案に盛り込む！

　教科書に載っている例題の解答は、キミたちが模範とすべきお手本である。

　グラフに原点Oを記入するのも y 切片の値を記入するのも、それが「正しいグラフの描き方」であるからだ。

　「よって…」「したがって…」などの説明も、解答にいたる道筋が正しいことを

示すために必要となる。記述式の試験では、説明が足りないために「論理的でない」と判断されると、たとえ答えが合っていても減点される。

教科書の例題の解答は、言ってみれば"正しい打撃フォーム"であり、例題や練習問題を解くときも、これに近い答案を作成するように心がけよう。

もちろん、言葉による説明は、模範解答と一字一句同じである必要はない。

たとえば、教科書では「したがって、この関数のグラフは右の図のような放物線である」となっているが、これを「この関数のグラフは右図のようになる」としてもかまわない。要は、「平方完成した2次関数をグラフにするとこうなりますよ」ということが明確に伝わればよいのだ。

▶ 論理的な答案を心がけることで力がつく

答案は「他人が読んでスッキリ理解できる」ように書く。それを心がけると、自然に教科書の解答に近い答案になる。もっとも、教科書の答案をお手本にする目的は、試験で減点されないこと以上に、ここでは**数学の論理的な考え方を身につける**ことにあると考えてほしい。

数学では、何よりも論理性を重視する。たとえば、「A＝Bである。B＝Cである。したがってA＝Cである」という説明は数学的に矛盾がない（＝論理的に正しい）。

自分で問題を解くときも、「よって」や「したがって」などの言葉を意識的に答案に盛り込むことで、解答にいたるまでの道筋がより明確になってゴチャゴチャしていた頭の中が整理される。言い換えると、**論理的な答案を心がけることで、論理的な考え方ができるようになっていく**のだ。

こうしたことも踏まえて、次の練習問題を解いてみよう。答案例を次ページに載せておくので、これに近い答案になっていれば合格だ。

《問》次の2次関数のグラフを描け。また、その軸と頂点を求めよ。

$y = x^2 - 4x + 3$

模範解答をお手本とした答案例

$$x^2-4x+3 \begin{array}{l} = (x-2)^2-2^2+3 \\ = (x-2)^2-4+3 \\ = (x-2)^2-1 \end{array}$$

（＝をタテに合わせる）

よって，$y=(x-2)^2-1$
この関数のグラフは右のような放物線になる。
放物線の軸は直線 $x=2$，頂点は $(2, -1)$ である。

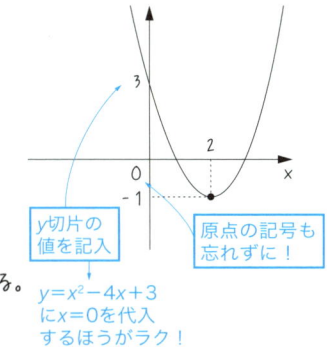

教科書の「解答」にできるだけ近い日本語の説明を加える。

y切片の値を記入
$y=x^2-4x+3$ に $x=0$ を代入するほうがラク！

原点の記号も忘れずに！

GUIDE 11 のまとめ

1. 教科書例題の解答を、答案を書くときのお手本にする。
2. 言葉を使った説明で、「人が読んでわかる答案」を心がけよう！
3. 論理的な答案を書くことで、数学に強い頭が作られる。

GUIDE **12** **ノートの取り方・使い方**

板書に書かない説明もメモしよう！

理解と暗記を強化するノート術

▶ 板書を写すだけのノートは使えない！

　例題を理解するにも練習問題の答え合わせをするにも、授業中の教師の説明を集中して聴く必要がある。特に、練習問題の正解は教科書の巻末に載っていないことが多いので、授業での解説や板書だけが頼りだ。

　そこで重要になってくるのが、授業中のノートの取り方だ。教師が板書したことだけを写したノートは、きれいにまとまっているように見えるが、たいして実用的ではない。下の例を見てほしい。

板書だけを写したノートの例

・2次方程式の実数解

$$ax^2+bx+c=0$$

$$x=\frac{-b\pm\sqrt{b^2-4ac}}{2a}$$

ⅰ) 判別式 $D=b^2-4ac$

ⅱ) D の符号と実数解

D の符号	個数	実数解
$D>0$	2	$\dfrac{-b\pm\sqrt{b^2-4ac}}{2a}$
$D=0$	1	$-\dfrac{b}{2a}$
$D<0$	0	なし

> スッキリとまとまっているがこれだけ見ても授業の内容を思い出しにくい。

この程度のことは教科書にも載っているし、市販の参考書を見ればもっと親切に説明されている。わざわざノートに取るほどのことはない。

　実際の授業では、教師は板書したこと以外にも、大切なことを口で説明するはずである。それを聴いて「なるほど」とその場では納得しても、よほど印象に残ることでない限り、2～3日もすれば忘れてしまうだろう。

▶ 教師が口で説明したことも書き込む！

　そこで、授業でノートを取るときは、教師が黒板に書かずに口で説明したこともどんどん書き込む。

　下は、「黒板に書かなかった教師の説明」も書き込んだノート例である。ゴチャゴチャして多少見にくくなるが、「理解しやすい」「記憶に残りやすい」という点では圧倒的に実用的だ。

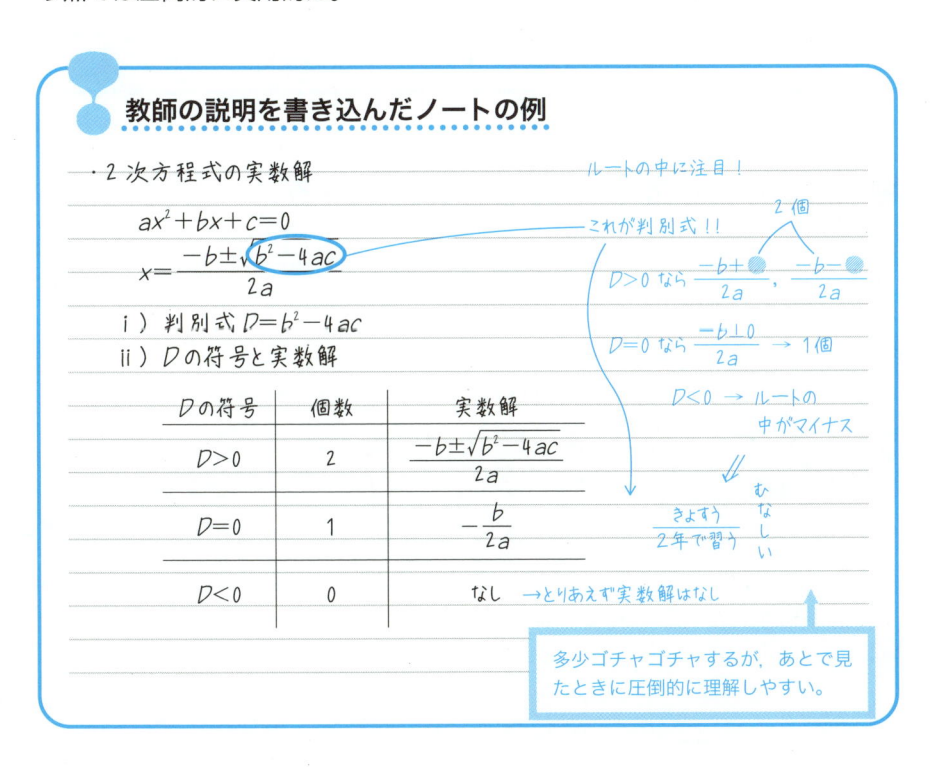

教師の説明を書き込んだノートの例

・2次方程式の実数解

$$ax^2+bx+c=0$$

$$x=\frac{-b\pm\sqrt{b^2-4ac}}{2a}$$

（ルートの中に注目！　これが判別式！！）

i) 判別式 $D=b^2-4ac$
ii) D の符号と実数解

D の符号	個数	実数解
$D>0$	2	$\frac{-b\pm\sqrt{b^2-4ac}}{2a}$
$D=0$	1	$-\frac{b}{2a}$
$D<0$	0	なし

$D>0$ なら $\frac{-b+●}{2a}$, $\frac{-b-●}{2a}$ （2個）

$D=0$ なら $\frac{-b\pm0}{2a}$ → 1個

$D<0$ → ルートの中がマイナス　むなしい　きょう／2年で習う

→とりあえず実数解はなし

多少ゴチャゴチャするが、あとで見たときに圧倒的に理解しやすい。

疑問点を書き込んだノートの例

《問題》 2次方程式 $x^2+2kx+k=0$ が重解を持つとき、
(1) 定数 k の値を求めよ。
(2) そのときの重解を求めよ。

《解答》
(1) 判別式を D とすると、
$D=(2k)^2-4k$
$=4(k^2-k)=4k(k-1)$
$D=0$ のとき重解を持つので、
$k(k-1)=0 \rightleftarrows k=0$ または 1

(2) 重解は $-\dfrac{2k}{2}$ だから　$k=0$ のとき $x=0$、$k=1$ のとき $x=-1$

> 疑問のマークを決めておく。

> なぜ計算せずに求まるのか？

> 疑問点を言葉で書く（書かないと何が疑問だったかを忘れるので）。

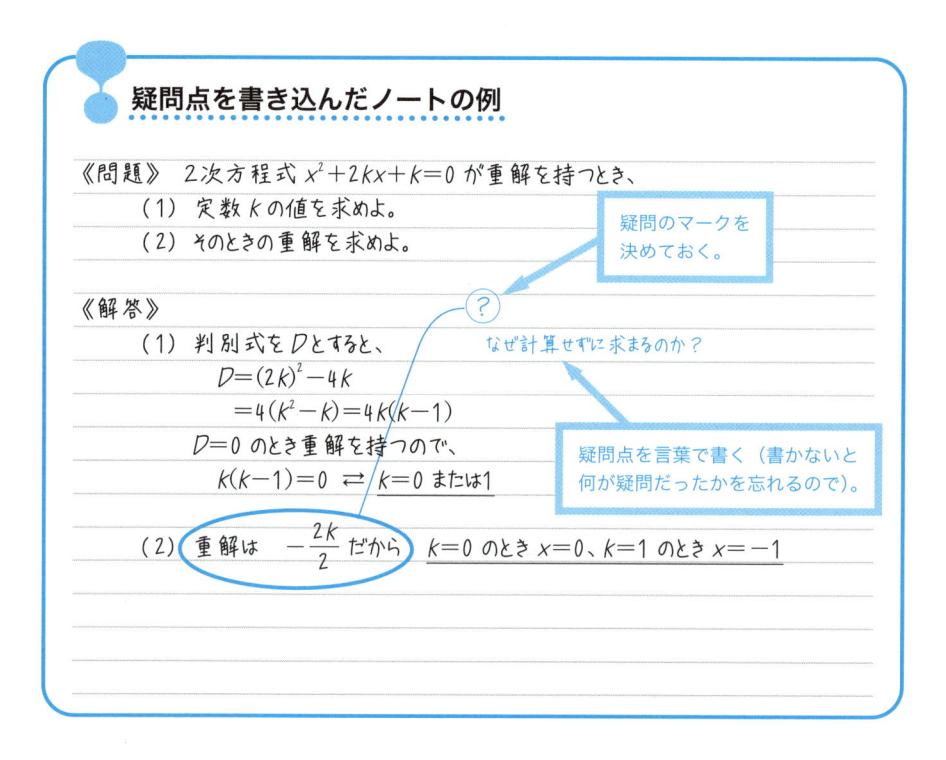

▶ 「わからない箇所」に印をつけて質問する

　教師が口で説明したことを書く以外に、自分の感想や疑問に思ったこともどんどんノートに書き込んでほしい。これは、《導入→解法確認→解法定着》のすべてのプロセスで実践しよう。

　特に、理解できない箇所には目立つように印をつけ、「何がわからないのか」を言葉で簡潔に書き込んでおく（上のノート例を参照）。

　教師に質問をするときも、「ココがなんとなくわからないのですが…」ではなく、たとえば「この解がなぜ計算せずに出せるのかわかりません」と具体的に聞いたほうが、わかりやすく的確に答えてくれるだろう。

　疑問を解決したら、それもノートに書き込んでおこう（次ページのノートの例を参照）。

疑問点を解決したノートの例

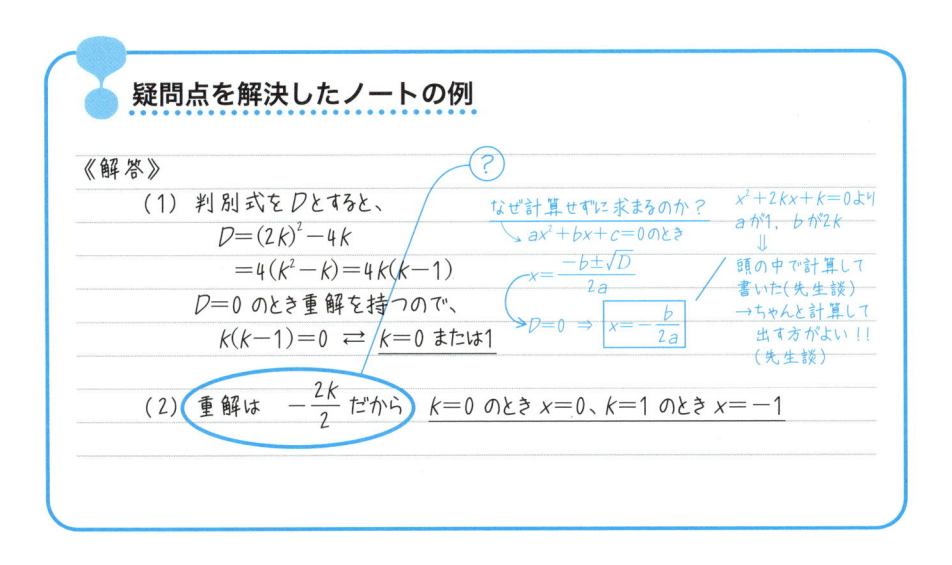

《解答》
(1) 判別式を D とすると、
$D = (2k)^2 - 4k$
$= 4(k^2 - k) = 4k(k-1)$
$D = 0$ のとき重解を持つので、
$k(k-1) = 0 \rightleftarrows \underline{k = 0 \text{ または } 1}$

(2) 重解は $-\dfrac{2k}{2}$ だから $\underline{k = 0 \text{ のとき } x = 0、k = 1 \text{ のとき } x = -1}$

> ? なぜ計算せずに求まるのか？
> → $ax^2 + bx + c = 0$ のとき
> $x = \dfrac{-b \pm \sqrt{D}}{2a}$
> $D = 0 \Rightarrow \boxed{x = -\dfrac{b}{2a}}$

> $x^2 + 2kx + k = 0$ より
> a が 1、b が $2k$
> ⇩
> 頭の中で計算して書いた（先生談）
> →ちゃんと計算して出す方がよい！！
> （先生談）

余白をたっぷり確保してノートを使う

　板書を写すときも問題を解くときもそうだが、ノートは余白部分を意識的に残しながら使いたい。特に、練習問題などをノートで解くときは、あとで添削の赤字を入れたり教師の補足説明を書き込んだりすることを考え、あらかじめ余白を確保しておこう。

　たとえば、右下の図のようにノートの右側 3 分の 1 くらいのところに縦線を引き、その右側を余白部分にして、そこに教師の補足説明を書き込めるようにしておく（余白部分で計算をしてもよい）。

　また、問題を解くときも、あまりキツキツに詰めて書かないようにする。

　たとえば、(1)、(2)、(3) といくつか問題があるときは、(1)を解いたあとに 2〜3 行空けてから(2)の問題を解くようにすると、この空白も **教師の補足説明を書き込むスペースとして活用できる**。

　次ページに練習問題を解くときのノートの使い方の例を掲載しておくので参考にしてほしい。

問題演習のノート使用例とポイント

No. ----------------
Date ・ ・

7/10 ㊙ p.76 練習9 ← ポイント①

次の2次式を平方完成せよ。 ← ポイント②

(1) $x^2+8x = (x+4)^2 - 4^2$
          $= (x+4)^2 - 16$

ポイント③ →

(2) $x^2-6x+8 = (x-3)^2 - 3^2 + 8$ | $-9+8=-1$ ← ポイント④
        $= (x-3)^2 - 1$

ポイント⑤ ↓

(3) $2x^2+4x+5 = 2(x^2+2x)+5$
             $= 2\{(x+1)^2 - 1^2\} + 5$
             $= 2(x+1)^2 - 2 + 5$ | $-2+5=3$
             $= 2(x+1)^2 + 3$

《ポイント注釈》

① 日付・教科書のページ数・例題（問題）番号などを記入する。

② 短い問題文はちょっと面倒でもノートに書き写しておくと、教科書を開かずにノートだけを見て復習できるので便利。

③ 次の問題との間を2〜3行空けておく（添削スペースとして）。

④ 右側の余白を計算スペースとして使ってもよい。

⑤ 計算や式変形は横に長く書かず、「＝」をそろえてタテに途中式を書きながら計算するほうがミスが少ない。

答え合わせと補足説明の書き込み例

×(6)　$-2x^2+6x+4 = -2(x^2-3x)+4$

　　　　　　　　　　$= -2\left(x-\dfrac{3}{2}\right)^2 \ominus 2\cdot\dfrac{9}{4}+4$　　ここは ⊕

　　　　　　　　　　$= -2\left(x-\dfrac{3}{2}\right)^2 - \dfrac{1}{2}$　×

　　　　　　　　　　$-2\left(x-\dfrac{3}{2}\right)^2 + \dfrac{17}{2}$　(答)

$-\dfrac{9}{2}+\dfrac{8}{2} = -\dfrac{1}{2}$

慣れないうちは大カッコを使う！

$-2\left\{\left(x-\dfrac{3}{2}\right)^2 - \left(\dfrac{3}{2}\right)^2\right\} + 4$

$= -2\left(x-\dfrac{3}{2}\right)^2 + 2\cdot\dfrac{9}{4}+4$

$-\dfrac{9}{2}+\dfrac{8}{2} = \dfrac{17}{2}$

▶ 答案添削と教師の説明は色を変えて書く

　宿題になった練習問題を次の授業で答え合わせするときは、３色ボールペン（赤・青・黒など）を使うと便利だ。答案の添削は赤、教師の補足説明は緑（または青）で使い分けると、視覚的にもわかりやすい。

　答案添削と補足説明の書き込み例を上に載せておく。こうした書き込みも、理解と記憶を強化するのに役立つので、ぜひ実践してほしい。

GUIDE 12のまとめ

1. ノートには、教師が口で説明したことも書き込もう！
2. 「どこがわからないのか」を明確にして質問で解決する。
3. あとで書き込みができる余白を確保して問題を解く。

GUIDE 13　定義・定理・公式の暗記法

「三角比の定義」を定着させてみよう！

「解きながら覚える」を体験する

▶ 単純な定義や公式ほど覚えにくい

　下に示した「三角比の定義」を見てほしい。直角三角形が3つ並び、左から $\sin\theta$、$\cos\theta$、$\tan\theta$ が定義される（導入）。そのあとの「例1」では、辺の比が 3：4：5 の直角三角形（∠A を θ とする）の $\sin\theta$、$\cos\theta$、$\tan\theta$ の値を定義に照らして確認している（解法確認）。

「三角比の定義」とその解法確認

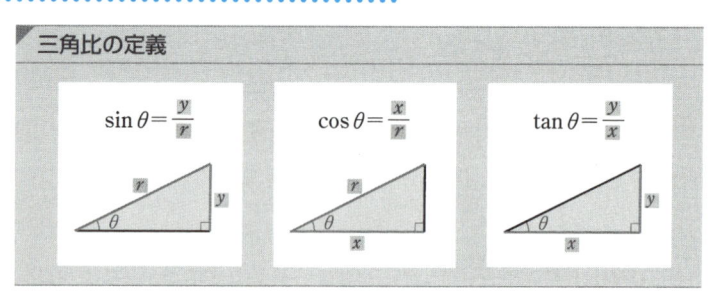

三角比の定義

$$\sin\theta = \frac{y}{r} \qquad \cos\theta = \frac{x}{r} \qquad \tan\theta = \frac{y}{x}$$

例1　θ の正弦，余弦，正接

右の図の直角三角形 ABC では

$$\sin\theta = \frac{BC}{AB} = \frac{3}{5}$$

$$\cos\theta = \frac{AC}{AB} = \frac{4}{5}$$

$$\tan\theta = \frac{BC}{AC} = \frac{3}{4}$$

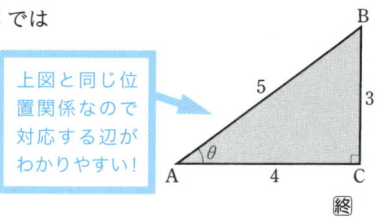

15

上図と同じ位置関係なので対応する辺がわかりやすい！

終

『高等学校　数学Ⅰ』（数研出版、p.121）

「三角比」が苦手な人は少なくない。理由は簡単で、暗記しにくい定義や公式がたくさん出てくるからだ。「三角比の定義」も定義自体は単純だが、意外に覚えにくい。実際に体験してもらおう。

まず、「三角比の定義」を見て、$\sin\theta$、$\cos\theta$、$\tan\theta$ が、どの辺とどの辺を使って定義されているのかをチェックしてほしい。次に、「例1」を読んで、書かれていることを理解しよう。上の3つの図と見比べながら読めば、理解するのはそれほど難しくはないはずだ。

では、同じように「三角比の定義」の3つの図をヒントにして、次の問題を解いてみてほしい。

《問》右の図の直角三角形 PQR において、
(1) $\sin\theta$ の値を求めよ。
(2) $\cos\theta$ の値を求めよ。
(3) $\tan\theta$ の値を求めよ。

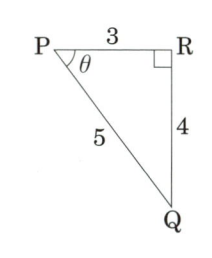

直角三角形と θ の位置が変わっただけで、混乱してわからなくなった人もいるだろう。正解はあとで示すとして、なぜ混乱するのかを考えてみよう。

▶ 無意味な記号を「意味のある言葉」で表す

教科書に記載されている「三角比の定義」は、直角三角形の3辺 (r, y, x) と1つの鋭角 (θ) を表す記号だけが使われている。いたってシンプルな定義だが、**シンプルすぎるためにかえって覚えにくい。**

なぜかというと、記号そのものは意味を持たず、直角三角形の3辺がそれぞれ「どういう辺なのか」がわかりにくいからだ。

「例1」では、直角三角形と θ の位置関係が「直角三角形の定義」の図と同じなので、対応する辺が視覚的に把握しやすい。ところが、上の問題のように位置関係を変えられると、とたんにわかりにくくなる。

授業で「三角比の定義」を扱うときは、そのあたりのことをもう少し詳しく説明してくれるはずだ。下に示すのはある教師の板書例と考えてほしい。

> **「三角比」を言葉で定義する（板書例）**
>
> r ：直角と向かい合う斜辺（一番長い辺）
> y ：θと向かい合う辺
> x ：θをはさんで斜辺と隣り合う辺 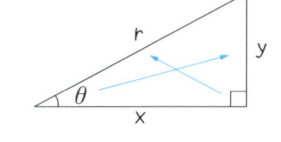
> 　⇩
> 《三角比の定義》
>
> $\sin\theta = \dfrac{\theta と向かい合う辺（y）}{直角と向かい合う斜辺（r）}$
>
> $\cos\theta = \dfrac{\theta をはさんで斜辺と隣り合う辺（x）}{直角と向かい合う斜辺（r）}$
>
> $\tan\theta = \dfrac{\theta と向かい合う辺（y）}{\theta をはさんで斜辺と隣り合う辺（x）}$

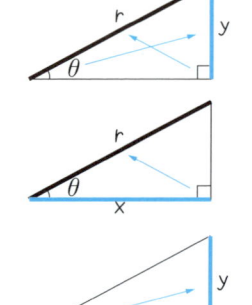

　ここでは、直角三角形の3辺（r, y, x）を、それぞれ言葉で定義している。そのうえで、$\sin\theta$、$\cos\theta$、$\tan\theta$も記号ではなく言葉によって定義する。図を見ながら、じっくり確認してみよう。

　記号そのものには意味がないため、「$\sin\theta = r$ぶんのy」と暗記しても意味がない（応用が利かない）。しかし、上の板書例のように三角比の定義を言葉で言い換えると、直角三角形やθの位置関係がどうであろうと、定義にあてはまる辺を視覚的に見つけやすくなる。

　実際に試してみよう。$\sin\theta$の定義は、

「$\sin\theta$イコール『直角と向かい合う斜辺』ぶんの『θと向かい合う辺』」であ

る。板書例の図で「直角と向かい合う斜辺」と「θ と向かい合う辺」を指でなぞりながら、この定義を 5 回ほど声に出して読んでほしい。

それが終わったら、次の問題の(1)を解いてみよう。

《問》右の図の直角三角形 PQR において、
(1) $\sin\theta$ の値を求めよ。
(2) $\cos\theta$ の値を求めよ。
(3) $\tan\theta$ の値を求めよ。

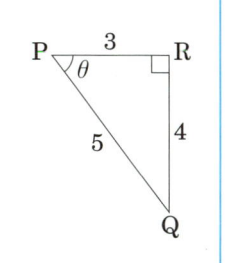

問題を解くほどに記憶が強化される

上の問題の直角三角形 PQR で、「直角と向かい合う斜辺」は PQ、「θ と向かい合う辺」は QR であるから、

$$\sin\theta = \frac{\theta\text{と向かい合う辺}}{\text{直角と向かい合う斜辺}} = \frac{\text{QR}}{\text{PQ}} = \frac{4}{5}$$

となる。どうだろう、それほど手間取らずに解けたに違いない。

では、$\cos\theta$ についても、板書例の「言葉による定義」を 5 回ほど声に出して読んでから(2)を解いてみよう。

$$\cos\theta = \frac{\theta\text{をはさんで斜辺と隣り合う辺}}{\text{直角と向かい合う斜辺}} = \frac{\text{PR}}{\text{PQ}} = \frac{3}{5}$$

$\tan\theta$ も同様にして(3)を解くと、

$$\tan\theta = \frac{\theta\text{と向かい合う辺}}{\theta\text{をはさんで斜辺と隣り合う辺}} = \frac{\text{QR}}{\text{PR}} = \frac{4}{3}$$

となる。

板書例で示した「三角比の言葉による定義」をいきなり丸暗記するのは、けっこう面倒くさい。しかし、自分の手を動かして問題を解くうちに、自然に頭に入ってくる感じがしないだろうか。

三角比の値を求める例題と練習問題

例2 θの正弦，余弦，正接

右の図の直角三角形 ABC では

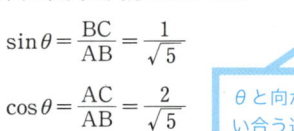

$$\sin\theta = \frac{BC}{AB} = \frac{1}{\sqrt{5}}$$

$$\cos\theta = \frac{AC}{AB} = \frac{2}{\sqrt{5}}$$

$$\tan\theta = \frac{BC}{AC} = \frac{1}{2}$$

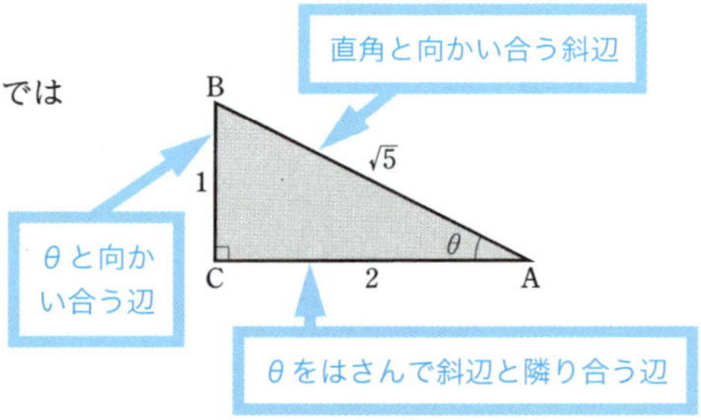

（図の注釈）
- 直角と向かい合う斜辺
- θと向かい合う辺
- θをはさんで斜辺と隣り合う辺

練習1 下の図において，$\sin\theta$，$\cos\theta$，$\tan\theta$ の値を，それぞれ求めよ。

(1) 三角形 ABC：AC = 3, BC = 1, AB = $\sqrt{10}$

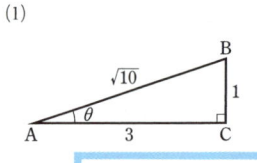

(2) 三角形 ABC：AC = 5, CB = 12, AB = 13

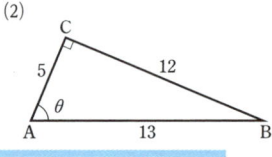

「直角と向かい合う斜辺」を最初に見つけよう！

『高等学校　数学Ⅰ』（数研出版、p.122）

▶ 「見た瞬間に答えが浮かぶ」まであと少し！

　せっかくなので、もう少し問題を解きながら「三角比の定義」をしっかり定着させるところまで頑張ってみよう。

　上に示すのは、76ページに掲載した教科書の「例1」に続く「例2」と、そのあとの練習問題（「練習1」）である。

　「例2」は、「例1」の直角三角形の向きが逆になっているが、

　　AB：直角と向かい合う斜辺（＝$\sqrt{5}$）

　　BC：θと向かい合う辺（＝1）

　　AC：θをはさんで斜辺と隣り合う辺（＝2）

であるとわかるので、解答部分の意味は理解できるだろう。

次に「例2」の左半分を手で隠し、右側に描かれている直角三角形だけを見て、$\sin\theta$、$\cos\theta$、$\tan\theta$の値を正しく言えるかどうかを試そう。

　正しく答えられたら、「練習1」を解いてみよう（解答は下の枠内）。

　「練習1」まで進むと、最初のころより「どの辺とどの辺を使うか」が短時間で見つけられるようになっているはずだ。

　このあと、いままでに出てきたすべての問題をもう一度解いてみよう（「例」も含む）。すると、さらに答えを出すまでの時間が短くなり、最終的にはノーヒントで**問題を見た瞬間に答えが言える状態**になる。このようになって、「解法が定着した」（この場合は「定義を暗記できた」）と言えるのである。

　今回は、「三角比の定義」を例に《解法確認→解法定着》のプロセスを体験してもらったが、これはどの単元や項目でも同じである。この感覚を忘れずに、「問題を見た瞬間に解き方や正解がパッと浮かぶ」まで何回でも例題や練習問題を解き直そう！

《「練習1」の解答》

(1)　$\sin\theta = \dfrac{BC}{AB} = \dfrac{1}{\sqrt{10}}$　　$\cos\theta = \dfrac{AC}{AB} = \dfrac{3}{\sqrt{10}}$　　$\tan\theta = \dfrac{BC}{AC} = \dfrac{1}{3}$

(2)　$\sin\theta = \dfrac{BC}{AB} = \dfrac{12}{13}$　　$\cos\theta = \dfrac{AC}{AB} = \dfrac{5}{13}$　　$\tan\theta = \dfrac{BC}{AC} = \dfrac{12}{5}$

GUIDE 13 のまとめ

1. 暗記しにくい定義や公式は、記号を言葉に置き換えてみる。
2. 定義や公式・定理は、そのまま丸暗記しない！
3. 「問題を見た瞬間に答えが見える」まで何回も問題を解こう！

GUIDE 14　節末、章末問題の取り組み方

素直に考えて、愚直に手を動かす！

思いついたらすぐに試す

▶ 「解ける」と確信して立ち向かおう！

　多くの教科書では、節の最後に「節末問題」が、章の最後に「章末問題」が収録されている。例題や練習問題は解けても、節末問題や章末問題になるとお手上げ状態で、自信を失ってしまう人も少なくないようだ。

　節末問題や章末問題は、授業中に解くこともあるだろうし、宿題にされて家で解くこともあるだろう。「難しそうだから無理だ」とすぐにあきらめず、「かならず解ける！」「解けないはずがない！」と信じて、できるところまで頑張ってみよう。まずは気持ちで負けないことが大切だ。

　実際、教科書の例題をマスターできていれば、節末問題や章末問題を解けるようになるまで「あと半歩」のところにきている。そこをクリアできれば、数学に対する苦手意識も薄れ、もう一段階実力がアップする。

　この節では、節末問題や章末問題に取り組むときの「頭の働かせ方」についていくつかアドバイスしていきたい。

▶ 「何を求めればよいか」を問題文から読み取る

　次ページに掲載したのは、「2次関数とグラフ」の節末問題（全6題）のうちの最終問題である。それまでに習ってきた例題に比べて、かなり難しいように感じるだろう。しかし、ここでビビってあきらめるのは早すぎる。

　どんな問題でもそうだが、まずは問題文から「何を求めればよいのか」を把握することが大切だ。この問題では、①放物線の頂点の座標、②頂点の座標が$(1,0)$のときのaとbの値、である。その部分に下線を引いておこう。

「求めるもの」を把握する

6 次のア～オに適する数字 (0～9) を答えよ。
a, b は定数とする。

① 放物線 $y = 3x^2 - ax - a - b$ の頂点の座標は $\left(\dfrac{a}{\boxed{ア}},\ -\dfrac{a^2}{\boxed{イウ}} - a - b\right)$ である。② この頂点の座標が $(1, 0)$ であるとき，$a = \boxed{エ}$，$b = -\boxed{オ}$ である。

「求めるもの」にアンダーラインを引いておく。

『高等学校 数学Ⅰ』(数研出版、p.81の節末問題より)

▶ 似ている例題を探して試してみる

「何を求めればよいのか」がわかったら、その節で習った例題の中で、この問題と似ているものを探してみよう。「放物線の頂点の座標を求める」は、以前に似た例題があった (66ページ「例題2」参照)。

「例題2」では、まず $y = -2x^2 - 4x + 1$ を平方完成している。上の問題でも、「同じように平方完成させればよいのでは？」という方針が立つ。

「$y = 3x^2 - ax - a - b$ のような長い式の平方完成は習ってないし、できるような気がしない」と思うかもしれない。しかし、せっかく思いついた方針を、試す前にあきらめてしまうのはもったいない。

▶ 考え込む前に手を動かしてみよう！

「$y = 3x^2 - ax - a - b$」をじっと見て考え込んでいても仕方がない。習ったことを思い出して、手を動かしてみよう。

平方完成は GUIDE10 でいくつか練習した。64～65ページを見てもう一度確認

しておこう。まず、$y=3x^2-ax-a-b$ は、x^2 の係数 3 がジャマなので、これを頭に出して強引にカッコでくくってみる。

$$y=3\left(x^2-\frac{a}{3}x\right)-a-b$$

カッコの中に分数ができてしまい、かなり気持ちが悪い。「これはダメかな」とあきらめたくなる気持ちを抑えて、もう少し手を動かしてみよう。

▶ 例題で覚えた解き方を愚直にあてはめる

カッコの中の、

$$x^2-\frac{a}{3}x$$

に、右の手順を使えないか？

$$x^2+\blacksquare x=\left(x+\frac{\blacksquare}{2}\right)^2-\left(\frac{\blacksquare}{2}\right)^2$$
└─ 半分 ─┘

x の係数 $-\dfrac{a}{3}$ の半分は、2分の1をかけて、

$$\frac{1}{2}\times\left(-\frac{a}{3}\right)=-\frac{a}{6}$$

なので、できるかもしれない。やってみよう。

$$
\begin{aligned}
y &= 3x^2-ax-a-b \\
&= 3\left(x^2-\frac{a}{3}x\right)-a-b \\
&\qquad\quad \downarrow \text{半分} \\
&= 3\left\{\left(x-\frac{a}{6}\right)^2-\left(\frac{a}{6}\right)^2\right\}-a-b \\
&= 3\left(x-\frac{a}{6}\right)^2 - \overset{1}{\cancel{3}}\cdot\frac{a^2}{\underset{12}{36}}-a-b \\
&= 3\left(x-\frac{a}{6}\right)^2 - \frac{a^2}{12} - a - b
\end{aligned}
$$

ここまでの式変形は多少面倒だが、**教科書のカコミの手順をそのまま使って**いることに注目してほしい。そして、問題文の空欄 ア 、 イウ を見ると、どうやら平方完成は成功して、頂点の座標が求まったようだ。

空欄 エ 、 オ は、キミたちが求めてみよう。下に解答を載せておく。

【解答】　ア＝6　　イウ＝12　　エ＝6　　オ＝9

▶ ビクビクせず、思いついたら手を動かす

難しく感じて手が出なかった節末問題や章末問題も、教師の解説を聴くと「なんだ、そうすればよかったんだ！」と思うことが多いだろう。自分でも近いところまで考えていたからこそ、そういう納得感が得られるのだ。

節末問題も章末問題も、これまでに習ってきた解法を使えばかならず解けるように作られている。10分も20分も考えないと解けない問題は1つもない。ことさら難しく考えることはないし、ビクビクしながら解くこともない。

問題文の意味を落ち着いて読み取り、使えそうな解法を思いついたら素直に適用してみる。それで間違えたとしても、「あきらめずに手を動かせた」ことは大きな進歩と考えよう。この積み重ねが実力をつけるための近道になる。

GUIDE 14のまとめ

1. 節末問題、章末問題は、習った解法を使えばかならず解ける！
2. 問題文をよく読んで「何を求めるか」をハッキリさせる。
3. 難しく考えすぎず、習ったことを素直に適用してみよう。

第4章

手に覚えさせてしまおう！

復習バリアを張りめぐらせる

GUIDE 15　正しい復習法の習得

これまでの勉強法を見直そう！

「伸びない勉強法」とその改善策

▶ こんなやり方で"空回り"していないか？

　どの教科でもそうだが、成績が伸びないのにはかならず原因がある。
　「勉強していないから伸びない」。これは当たり前の話だ。解決法はいたって簡単で、イヤでも机に向かって勉強するしかない。
　では、勉強しているのに伸びない人はどうだろう。「復習の軽視」や「復習のやり方に問題がある」ケースが圧倒的に多い。
　授業を真面目に聞き、宿題をちゃんとこなしていても、その後の復習をサボったり、復習のやり方が雑だったりすると力はつかない。「**数学は復習で力をつける教科である**」と言っても過言ではないのだ。
　この章では、復習の正しい取り組み方についてお話しするが、その前に、キミたちが「伸びないやり方」で空回りしてこなかったかを、ここでチェックしておこう。次に挙げる5つのケースがその典型例である。それぞれの改善策についても、1～3章の復習を兼ねて簡単にまとめておく。

✕ ケース１　「予習と授業」だけで終わってしまう

　予習重視の教師は、これから習う範囲を宿題に課して、それを授業で解説をするスタイルを好む。まだ習っていない範囲を独習するのは、わからないことを自力で解決するのにも問題を解くのにも、かなりの労力と時間がかかる。
　そのため、「すごく勉強した」という達成感があり、予習によって授業も理解しやすくなるため、予習と授業だけを頑張っていれば「力がつく」と"錯覚"してしまう人がいる。
　しかし、3章でもお話ししたように、「わかる」ことと「自分で解ける」こと

はイコールではない。予習で解いた問題も授業で習ったことも、復習をしなければ定着しない。「予習と授業」だけで完結する勉強法は、自分で期待したほどは伸びないことが多い。

◎ 改善策　予習時間を減らし、復習時間を確保する

それまで予習と授業だけで終わっていた人は、予習にかける時間を減らし、その分を復習に回すようにしよう。予習では「わからない箇所」をチェックするくらいでもかまわない。それより、**授業のあとの復習に力を入れたほうが、確実に力がつく。**

せめて1日30分程度でいいから復習の時間を確保し、家に帰ってからの勉強も「前日の復習＋その日の復習」から入り、そのあとで予習をするスケジュールを立てることを勧めたい。

✕ ケース2　定期テスト前に一気に復習する

復習は、授業があったその日のうちに取り組むのが原則だ。しかし、ちょこちょこ復習するのが面倒くさいので、ある程度ため込んでから週末にやる、あるいは定期テスト直前に慌てて復習をする人がいる。

「あとでまとめてやればいい」と思って復習を先延ばしすると、2～3時間では消化しきれないほど復習範囲が広がる。さらに、授業で忘れていることが多くなるので、理解をするにも問題を解くにも余計な時間がかかり、「もう適当に流しておけばいいや」と投げやりになりがちだ。これでは、やはり力がつかない。「復習をまとめて片付けるクセ」がついている人は注意しよう。

◎ 改善策　放課後の活用で復習習慣をつけよう！

1回の授業で進む範囲はせいぜい教科書2～3ページ分で、復習にかかる時間もたかが知れている。「夕食前の30分でその日の復習をする」「テレビを観たあとの30分を復習の時間にあてる」など、**時間帯を決めて取り組むことで、自然に復習の習慣がついてくる。**

授業があった日の放課後を活用するのもうまい手だ。部活がある人もそのまま帰宅する人も、放課後の教室にちょっと残って復習を片付けてしまえば、「家で復習しなくてもすむ」と思って気分的にラクになる。

❌ ケース3　導入に力を入れて問題演習をしない

　導入の理解や定理・公式の暗記に力を入れすぎて、問題演習が疎かになっている人も要注意だ。授業でやったことをノートで復習するとき、導入で理解できない箇所でひっかかって考え込んでも、自力で解決できる可能性は低い（翌日、教師に質問して解決するのがベスト）。

　3章で実際に体験してもらったように、公式・定理も、いきなり丸暗記するのでなく、**問題を解きながら覚えるほうが**、効率よく「使える知識」として定着する。「考え込む時間」「暗記にかける時間」が多い人は、「手を動かしている時間」が少ない。これではやはり伸びない。

◎ 改善策　例題と練習問題を優先的に復習！

　定期テストや模試、入試では「用語の意味」や「公式・定理の証明」が求められることはほぼない。導入は理解できるに越したことはないが、わからなければ「問題さえ解ければよし！」と割り切り、実際に手を動かして**問題を解く練習や復習を中心にした勉強計画を組み立てよう**。

❌ ケース4　間違えた問題しか復習しない

　授業で新しい単元に入ったとき、初めて解く練習問題はさすがに自力でスイスイとは解けない。最初のうち、教科書に載っている公式・定理や例題の解き方を見ながら、それをヒントにして解くことが多いはずだ。

　これは「自力で解けた」とは言えないが、正解できた問題は感覚的に「自力で解けた気分」になりやすい。そうすると、「間違えた問題だけ復習しておけばいいや」と考えて、演習量が極端に少なくなる。結果的に解法がしっかり定着せず、それが伸びない原因となる。

◎ 改善策　「2回目以降」もすべての問題を解く！

　初めて問題を解いたとき（1回目）は、ヒントを見ながらの"予行演習"だと考えよう。本当の演習は「2回目の復習」からスタートする。1回目に正解した問題も含めて、**すべてノーヒントで解けるようにするのが目標だ**。

　3回目、4回目の復習も同じで、最終的に「ノーヒントでスラスラ解けて全問正解」ができるまで、何度でも復習しよう。

> ❌ ケース5　いきなり難しい問題集に手を出す

　教科書レベルの基礎が固まる以前に、入試レベルの参考書に手を出してしまうのも、数学に苦手意識を持つ人には"危険な勉強法"になる。

　『チャート式解法と演習　数学』シリーズ（数研出版）などであれば、基本的な問題も扱っているので接続は可能だ。しかし、塾や予備校で高度な入試問題ばかり扱うテキストに取り組もうとしても、基礎が固まっていなければ、解答を見ても理解できず、いたずらに時間をムダにするだけだ。

> ◎ 改善策　教科書を確実に固めることを最優先！

　1章でもお話ししたように、まずは授業を中心とした教科書レベルの基礎固めに専念する。そのあとで、入試頻出レベルの問題を解く「受験勉強」に入っていくのがもっとも効率的だ。

▶ 正しい復習法をマスターしよう！

　以上5つのケースは、いずれも復習方法に問題がある。復習をほとんどしていないか、復習のやり方に問題があるために、せっかく授業で習った解法が身につかないのである。

　原因さえわかれば、あとは解決法を見つけて実践するだけ、つまり**勉強のやり方を変えればよい**。授業や教科書を活用して力をつける復習法をこのあとお話ししていくので、まずはそれを試してほしい。

GUIDE 15のまとめ

1. 数学は「復習で力をつけていく教科」である。
2. これまでの自分の勉強法のまずい点を修正しよう！
3. 「考えた時間」よりも「手を動かした時間」のほうが大切。

GUIDE 16 復習計画の立て方

5段階の"復習バリア"を築く！

教科書を徹底的に活用する

▶ 教科書の"完全制覇"が最優先！

「授業がわからないから塾に通おうかな……」と悩んでいる人がいるかもしれない。しかし、習ったことを定着させる勉強法（復習法）が身についていなければ、塾に通う時間と受講料をムダにするだけだ。

キミたちの目標はハッキリしている。それは「**教科書レベルの解法を確実に定着させる**」ことであり、そのための勉強法をマスターすることにある。それには、市販の参考書や塾のテキストよりも、"教科書そのもの"を利用するのが手っとり早くてムダがない。

そこで、「教科書レベルの基礎を固める」ためのテキストは、授業で使っている教科書1本に絞り込む。そのうえで、「正しい復習法」をマスターしてしまえば、そのあとは塾に行こうが、入試レベルの参考書を使おうが、基本的に同じやり方で「受験勉強」に入っていける。

▶ 例題と練習問題の攻略を優先させる！

教科書には、例題や練習問題のほか、節末問題、章末問題などが収録されている。このうち、復習のターゲットとなるのは**例題**（「例」を含む）、**練習問題**、**節末問題**だ。章末問題も授業で扱った問題は取り組みたいが、例題と練習問題、節末問題を自力で解けないうちは、無理をして手を出すことはない。

例題と練習問題、節末問題だけでは、演習量が足りないように思うかもしれない。しかし、意外に問題数は多い。たとえば、数研出版の教科書『高等学校数学Ⅰ』では、例題（「例」を含む）、練習問題（表記は「練習」）、節末問題（表

記は「問題」を合わせると357題（小問を加えると721問）に達する。

　市販の参考書でも、これだけの問題数を収録しているものは少ない。教科書レベルと同等の参考書である『高校　これでわかる数学Ⅰ＋A』（文英堂）を例に出すと、数Ⅰ範囲の例題と練習問題（表記は「類題」）は合わせて220題で、前述の教科書よりも137題少ない。

　教科書の例題と練習問題、節末問題は、教科書レベルの基礎を固めるのに必要十分な量と質を誇るので、安心して取り組むことができる。

▶ 傍用問題集はあくまでも補助として

　教科書傍用の問題集（数研出版なら『スタンダード』や『４ステップ』など）を授業で併用している場合、そこから宿題が出されたり、定期テストの範囲を指定されたりするだろう。

　傍用問題集に収録される問題は、教科書の例題レベルから入試の基本〜標準レベルまで幅広い。ただ、教科書レベルの問題に関しては、あえて傍用問題集で補充しなくても、「授業＋教科書」だけで補うことが可能だ。

　したがって、教科書の例題と練習問題をマスターしておけば、少なくとも傍用問題集の基本問題（教科書の例題レベル）は確実に解けるようになる。

　傍用問題集は、教科書では扱いが少ない入試レベルの頻出・典型問題を数多く収録している。これらに関しては、①教科書の例題と練習問題をマスターしたうえでまだ余裕がある、②授業で解説された問題の解答を理解できる、という２つの条件を満たしてから取り組むようにしよう。

▶ 復習で取り組む問題に優先順位をつける

　勉強の計画を立てるとき、「あれもこれもやろう」と手を広げすぎると、実行不可能な計画になって途中で挫折しやすい。そこで、特に傍用問題集を使っている人は、復習すべき問題に優先順位をつけ、優先順位の低い問題はバッサリ切り捨てられるようにしておく（次ページの図を参照）。

> **復習で取り組む問題の優先順位**
>
> ❶ 授業でやった教科書の例題、練習問題、節末問題
>   ＊研究、応用例題、発展例題なども含む。
> ❷ 授業で扱った教科書の章末問題
>   ＊❶を完璧にしてから。
> ❸ 傍用問題集の基本問題（教科書の例題レベル）…（注）
>   ＊余裕があれば"力試し"として。
> ❹ 授業で扱った傍用問題集の応用・発展レベル問題…（注）
>   ＊❸のあとで余裕があれば。
>
> （注）問題のレベルは傍用問題集の冒頭に記載されている。

　授業で傍用問題集を使っていない人は、上の図の❶と❷までを復習対象とするが、まずは❶の攻略を優先させる。傍用問題集を使っている人は、❷までをクリアして余裕があれば、❸以降の問題も復習対象に組み込んでいく。

５段階の"復習バリア"を設定する！

　授業があった当日はかならず復習をするが、それだけで初めて習う解法を定着させるのは、まず無理だと思ってほしい。そこで、❶「当日復習」→❷「翌日復習」→❸「週末復習」→❹「テスト前総復習」→❺「テスト後メンテ」（メンテナンスの略）の流れで復習計画を立てる（次ページ参照）。

　この５段階の"復習バリア"のポイントは、「忘れそうなタイミングで次の復習を入れる」ところにある。年間４〜６回ある定期テストは、それまでの範囲の総復習に活用し、テストが終わってからもメンテナンスをする。

　最終的には、すべての問題について「ノーヒントで自力で解ける」「見た瞬間に解き方が浮かぶ」ことが目標になる点も頭に入れておいてほしい。

5段階の"復習バリア"の流れ

❶ 「当日復習」…授業があった日の復習　　　→ p.96〜101参照
　＊「就寝前復習」を加えるとより効果的。
❷ 「翌日復習」…昨日の範囲の再復習　　　　→ p.102〜105参照
　＊ノーヒントで解く。
❸ 「週末復習」…その週に進んだ範囲の復習　→ p.102〜105参照
　＊その週にやった範囲のすべての問題を解き直す。
❹ 「テスト前総復習」…テスト前の総復習　　→ p.106〜109参照
　＊試験範囲のすべての問題を解き直す。
❺ 「テスト後メンテ」…テスト後の復習　　　→ p.110〜113参照
　＊節末、章末問題を中心に解き直す。

　上に示したそれぞれの段階での具体的な復習のやり方、ポイントについては、GUIDE17以降で詳しくお話ししていきたい。

GUIDE 16 のまとめ

1. 教科書の例題、練習問題、節末問題の攻略が最優先！
2. 問題に優先順位をつけて、無理のない復習計画を立てる。
3. 5段階の"復習バリア"で定着効率をアップさせよう！

GUIDE 17 「当日復習」の進め方

ノーヒントで問題を解けるまで！

「忘れないうちの復習」がカギ

▶ 「当日復習」の流れと実践ポイント

「当日復習」では、主にその日の授業でやった例題や練習問題、節末問題を解く。授業用のノートと別に「復習用ノート」を用意して問題を解くと、授業用のノートを脇に置きながら答え合わせができるのでやりやすい。

以下、「当日復習」の流れとポイントを示すが、98～99ページの図解やフローチャートも参照しながら読み進めてほしい。

● STEP 1 ● 授業範囲を教科書で読む

その日の授業を思い出しながら、教科書の該当範囲をざっと読み通す。授業で教師が強調していたことは、教科書に直接書き込んでよい。

導入や例題の解答でわからない箇所が出てきたら、赤字で目立つように印をつけ、翌日、教師に質問して早めに解決しよう（72ページ参照）。

● STEP 2 ● 解答を隠して例題を解く

その日の授業で扱った例題を、解答部分を隠して自力で解く。行き詰まったら解答を見てもよいが、最終的に解答を見ずに解けるようにする。

● STEP 3 ● 練習問題、節末問題を解く

教科書の導入や例題をできるだけ見ないで解きたいが、公式や解き方をまだ完全に覚えていなければ、導入や例題をヒントにしながらでもかまわない。この段階では、公式や解法をどう適用し、どういう流れで問題を解くのかを、1つひとつ確認しながら解くようにしよう。

●STEP 4● 解答検討をする

　解き終えたら答え合わせをする。間違えた問題は赤字で添削し、教科書に×印を書く。計算ミスをしたときは、下のように「ミスをした原因」と「同じミスをしないための方策」を考え、注意すべき点を赤字で書き込んでおこう。

$$\times (5)\ x^2+x-2 = \left(x+\frac{1}{2}\right)^2 - \left(\frac{1}{2}\right)^2 - 2 \qquad \times\ 暗算でミスった！$$

解き直す

$$= \left(x+\frac{1}{2}\right)^2 - \frac{7}{4} \quad \times \qquad -\frac{1}{4} - \frac{8}{4} = -\frac{9}{4}$$

$$\left(x+\frac{1}{2}\right)^2 - \frac{9}{4} \quad (答)\qquad 途中式を省かない！$$

　練習問題や節末問題が宿題になったときは、次の授業で教師の解説を聴きながら、授業中に解答検討と添削を行う。

●STEP 5● 練習問題、節末問題を解き直す

　答え合わせを終えたら、ノーヒントで解けた場合を除き、もう一度同じ問題を解く（宿題になっているときは、次回の授業日の「当日復習」の最初に行う）。間違えた問題と、例題などをヒントにして解いた問題について、すべてノーヒントで解けるかをチェックするのが目的だ。

　そこで、今回はヒントとなる例題や導入部分を紙で隠して解く。途中で手が止まって２〜３分考えてわからなければ、導入や例題を見てもいいが、そこから先はノーヒントで解くようにしよう。最終的には、

> ①すべての問題についてノーヒントで解ける。
> ②途中で詰まることなく正解を導ける。

の２つの条件をクリアできるまで何度も解き直しをする。それができてから、次の範囲の例題や練習問題に移る（STEP1に戻る）。

教科書を使った「当日復習」の進め方

76　第2章　2次関数

E　2次関数 $y=ax^2+bx+c$ のグラフ

2次式 $2(x-1)^2+3$ を整理すると

$$2(x-1)^2+3 = 2(x^2-2x+1)+3$$
$$= 2x^2-4x+2+3$$
$$= 2x^2-4x+5$$

逆にすると平方完成

となる。すなわち，次の等式が成り立つ。

$$2x^2-4x+5 = 2(x-1)^2+3$$

たとえば，2次関数 $y=2x^2-4x+5$ が与えられたとき，これを $y=2(x-1)^2+3$ と変形すると，そのグラフの軸と頂点がわかる。

一般に，2次式 ax^2+bx+c を $\boxed{a(x-p)^2+q}$ の形に変形することを，**平方完成** という。

軸は $x=p$
頂点 (p, q) → グラフを描くための変形

例7

(1) x^2+4x を平方完成する。

$$x^2+4x = (x+2)^2-2^2$$
$$= (x+2)^2-4$$

$x^2+\blacksquare x = \left(x+\dfrac{\blacksquare}{2}\right)^2-\left(\dfrac{\blacksquare}{2}\right)^2$
└─半分─┘

(2) $2x^2-8x+5$ を平方完成する。

$$\underline{2x^2-8x}+5 = \underline{2(x^2-4x)}+5$$
①　　　　　　　②
$$= 2\{(x-2)^2-2^2\}+5$$
③
$$= 2(x-2)^2-2\cdot 4+5$$
$$= 2(x-2)^2-3$$

① x^2, x を含む項を x^2 の係数2でくくる。
② $x^2-4x = \left(x-\dfrac{4}{2}\right)^2-\left(\dfrac{4}{2}\right)^2$
③ 2を掛けて{ }をはずす。

終

練習9　次の2次式を平方完成せよ。

(1) x^2+8x
(2) x^2-6x+8
(3) $2x^2+4x+5$
(4) $3x^2-6x-2$
(5) x^2+x-2
(6) $-2x^2+6x+4$

①導入を読み，書き込みや下線を加える。

②解答部分を隠して解く。

③できるだけ例題を隠してノーヒントで解く。

④間違えた問題，例題をヒントに解いた問題は，ノーヒントで正解できるまで解き直す。それができてから次の範囲に移る。

『高等学校　数学Ⅰ』（数研出版、p.76）

「当日復習」の勉強法フローチャート

＊練習問題などが宿題になった場合は、下の注釈を参照。

❶ 授業範囲を教科書で読む

＊教師が強調したことを教科書に書き込む。
＊わからない箇所に印をつける（翌日質問して解決）。

❷ 解答を隠して例題を解く

＊行き詰まったら例題の解答を見てもよい。
＊解答を見ずに正解できるまでくり返す。

❸ 練習問題、節末問題を解く（注１）

＊導入や例題をなるべく見ないで解く。

❹ 解答検討をする（注２）

＊間違えた箇所を赤字で添削する。
＊間違えた問題に×印をつける。

❺ 練習問題、節末問題を解き直す（注３）

＊ヒントになる例題と導入の部分を隠して解く。
＊ノーヒントで解けるまでくり返し復習する。

❻ 「就寝前復習」を実践する（100〜101ページ参照）

《練習問題などが宿題になった場合》

（注１）初めて解く練習問題は、導入や例題を見ながらでもよい。

（注２）次の授業で、授業中に教師の解説を聴きながら行う。

（注３）次の授業日の「当日復習」の最初に取り組む（❶の前）。

▶ 「就寝前復習」を積極的に取り入れよう！

「当日復習」を終えたら、夜寝る前にその日の範囲をざっと見直す「就寝前復習」を可能な限り実践したい。その日の復習した範囲について、教科書や復習用のノートをざっと見直すのである。

正解できなかった問題は、もう一度解き直してみるのもよい。解答が長くなる問題は、頭の中で「解答の流れ」をイメージしてみる。実際に解くのではないので「解かずに復習」と名付ける。

▶ 「解かずに復習」を実際に試してみる

「解かずに復習」は、問題文を読んで解き方を思い出し、声に出しながら解き方の手順を再現する復習法だ。次の「例題7」で試してから、その下の「練習26」で練習してマスターしておこう。

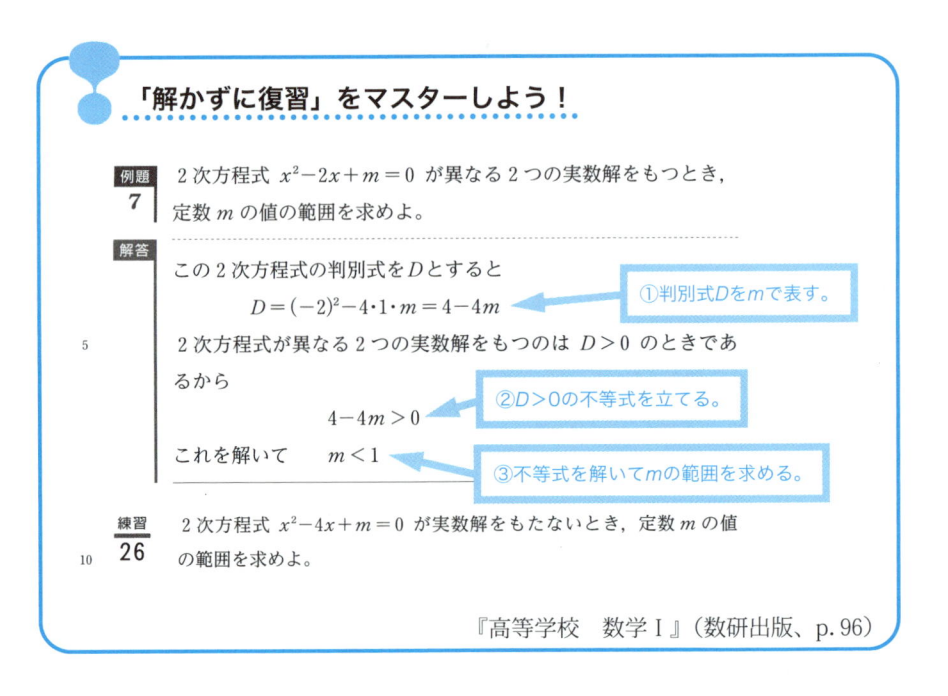

「解かずに復習」をマスターしよう！

例題7 2次方程式 $x^2-2x+m=0$ が異なる2つの実数解をもつとき、定数 m の値の範囲を求めよ。

解答

この2次方程式の判別式を D とすると
$$D=(-2)^2-4\cdot1\cdot m=4-4m$$
←①判別式 D を m で表す。

2次方程式が異なる2つの実数解をもつのは $D>0$ のときであるから
$$4-4m>0$$
←② $D>0$ の不等式を立てる。

これを解いて $\quad m<1$
←③不等式を解いて m の範囲を求める。

練習26 2次方程式 $x^2-4x+m=0$ が実数解をもたないとき、定数 m の値の範囲を求めよ。

『高等学校 数学Ⅰ』(数研出版、p.96)

例題の「解答の流れ」を見ながら「解かずに復習」を試すと、たとえば次のような手順を口で言うことになる。

> ①2次方程式の判別式を m で表す（$D=4-4m$）。
> ②異なる2つの実数解をもつので $D>0$ の式を立てる。
> ③$D>0$ の不等式を解いて m の範囲を求める。

「練習26」でも同様のことをやってみよう（下はその例）。

> ①2次方程式の判別式を m で表す（$D=16-4m$）。
> ②実数解をもたないので、$D<0$ の式を立てる。
> ③$D<0$ の不等式を解いて m の範囲を求める。

▶ 空き時間を使って「解かずに復習」を実践！

「解かずに復習」は、紙と鉛筆がなくても教科書やノートさえあればどこでもできる。就寝前に限らず、通学電車の中、学校の休み時間や放課後など、ちょっとした時間があればできる。特に、難しめの応用例題や章末問題などの解法定着に効果を発揮するので、どんどん実践しよう。

GUIDE 17のまとめ

1. 授業で習ったことは、その日のうちに復習しよう。
2. ノーヒントで問題を解けるまで、何回でも復習する。
3. 「就寝前復習」を実践して定着効率をさらにアップ！

GUIDE 18 「翌日復習」から「週末復習」へ

「週末復習」で勉強法を点検する！

何回でもしつこく解き直す

▶ 「翌日復習」の流れと実践ポイント

「当日復習」に続く２番目の"復習バリア"が「翌日復習」である。「翌日復習」では、昨日復習した範囲の例題や練習問題などをすべて解き、ノーヒントで正解できるかどうかをチェックする。

やり方は「当日復習」とほぼ同じだが、練習問題は導入や例題を最初から隠して解く（手順を次ページに掲載）。手が止まって２～３分考えてもわからなければ解答を見て解いてよいが、その問題には×印をつけておく。ノーヒントで解けたが不正解（単純な計算ミスを含む）の場合も、同様に×印をつける。

このあとは、×印がついた問題だけをピックアップし、「ノーヒントで手が止まることなく解き切って正解できる」までくり返し解く。

▶ 「週末復習」の流れと実践ポイント

"第３のバリア"となる「週末復習」は、週末の土日にある程度まとまった時間（２～３時間）を確保して取り組む。土日の２回に分けてもよい。

ここでは、原則的にその週にやったすべての問題を解き直す。ただし、傍用問題集をメインにしている人は負担が大きいので、「翌日復習」で×印がついた問題に絞るなど、優先順位をつけてもかまわない。

「当日復習」と「翌日復習」がうまくいっていれば、「週末復習」は意外に早く片付けられる。余裕があれば、１週間以上前に解いた問題（教科書に日付を記入しているはず）をパラパラ見て、不安な問題や×印のついた問題を解き直しておこう。以前に解いた章末問題を解き直してもよい。

「翌日復習」の実践フローチャート

❶ 昨日の範囲の問題をすべて解く

＊ヒントになる導入や例題を隠して解く。
＊解答を見て解いた問題に×印をつける。

❷ 解答検討をする

＊間違えた箇所を赤字で添削する。
＊間違えた問題に×印をつける（計算ミスも同じ）。

❸ ×印のついた問題だけを解く

＊ノーヒントで正解できるまでくり返し解く。

「週末復習」の実践フローチャート

❶ その週の範囲の問題をすべて解く

＊解く問題に優先順位をつけてもよい。

❷ 解答検討をする

＊間違えた箇所を赤字で添削する。
＊間違えた問題に×印をつける（計算ミスも同じ）。

❸ 間違えた問題だけを解き直す

＊ノーヒントで正解できるまでくり返し解く。
＊ここまで終えて余裕があれば❹へ。

❹ 「1週間以上前」にやった問題を解き直す

＊×印のついた問題、不安な問題に絞って解く。

▶ 復習のやり方を反省し、改善する

「翌日復習」で×印がついた問題は、「週末復習」で再び解き直すことになる。ここで半分以上間違えるような場合は、「当日復習」や「翌日復習」の取り組み方に問題があると考えよう。「週末復習」は、自分のやり方をチェックし、改善するための機会としても活用したい。

たとえば、傍用問題集の応用・発展レベルの問題まで欲張って手を広げたために、解答を理解できない問題が増えて消化不良に陥る、といったケースも考えられる。その場合は、復習の対象を「教科書の練習問題、節末問題、章末問題」に絞り込んで、**余計な負担を抱え込まないようにする**とよい。

▶ 同じ問題をくり返し解くことに耐える！

「当日復習」のSTEP5（97ページ参照）や「翌日復習」の解き直し（前ページのフローチャート❸）は、復習のキモとなる重要なプロセスだが、ここが一番面倒くさくてパスしたくなる人もいるだろう。

しかし、「1回解けたからもう大丈夫」と過信して解き直しをサボると、せっかく使えそうになってきた解法が定着せずに抜けてしまう。

同じ問題をくり返し解くのはけっしてムダではない。問題を見たら「考えるより前に手が勝手に動くようになる」まで解き直して、ようやく解法を自分のモノにできるのだ。

努力して数学ができるようになった人に聞くと、皆口をそろえて同じことを言う。同じことをくり返す復習は退屈でつまらないが、**その退屈さに耐えなければ結果は出せない**。この言葉を胸に、淡々と取り組んでほしい。

▶ 「計算力強化」を意識して取り組む！

問題をくり返し解くことは、計算力強化にもつながる。復習での解き直しでは、そのことを強く意識して取り組んでほしい。

試しに、3章でも例に出した次の問題をどのくらいの速さで解けるか、ストップウォッチで計測してみよう（解答は65ページに掲載）。

> $-2x^2+6x+4$ を平方完成せよ。

平方完成に慣れていない人は90秒（1分半）以上かかるだろうが、くり返し解くうちに50秒以内で解けるようになる。せっかくなので、まずは1分以内で解けるようになるまで何度も解いてみよう。**自分で体験するのが一番**だ。

数学が苦手な人は概して計算力が弱いが、これがテストで点が取れない大きな原因になる。計算に時間がかかりすぎて（しかもミスが多い）、落ち着いて問題文を読んで方針を考える余裕がなくなってしまうからだ。

5段階の"復習バリア"は、解法を確実に定着させることが目的だが、計算力強化も「第2の目標」となる。具体的には、「**最初に解くのにかかった時間の2分の1から3分の1の時間で解けるようにする**」のが目標の目安だ。

計算スピードが2倍になれば、復習にかかる時間は2分の1に縮まって、テンポよく解法を定着させていくことが可能になる。

GUIDE 18のまとめ

1. 「ノーヒントで解き切れる」まで何回も解き直す。
2. 「週末復習」の結果を見て、復習のやり方を反省、改善する。
3. 計算力を強化して、復習効率と定着効率を高めよう！

GUIDE 19 「テスト前総復習」

テスト対策を活用して実力アップ！

目標得点別・テスト対策プラン

▶ テスト対策を解法定着に活用する

　定期テスト対策は、試験範囲をまんべんなくチェックして解法を確実に定着させるよい機会となる。テスト前は集中力が高まり、緊張感を持って勉強に取り組めるので、普段よりも定着効率が高い。この"テストばね"を総復習に活用して実力アップを図ろう。

　「当日復習」から「週末復習」までを着実に実践していれば、第4の"復習バリア"となる「テスト前総復習」はそれほどの負担ではない。「テストで結果を出す」ことを目標に緊張感を持って取り組めば、大いなる飛躍を期待できる。"手で覚える数学"の効果を試す絶好の機会だ。

▶ 現時点での実力から目標と戦術を定める

　定期テストの難易度は学校によってさまざまだが、ここでは「教科書の例題レベル6割、章末問題レベル4割、平均点55点、赤点30点」の出題を仮定して対策プランを提起する（進学校ではない公立高校をモデルとする）。

　進学校では難しめの問題（傍用問題集の応用・発展レベル）の比率が高くなるが、教科書の例題や章末問題レベルの出題も5割前後はあるだろうから、これらの問題で確実に加点すれば「平均点超え」は充分に可能だ。

　まずはテスト対策に入る前に、自分なりの目標と戦術を定めておこう。それによって、テスト対策の内容も変わってくる。ここでは高得点を目指すプランAと、最低でも平均点を超えることを目標とするプランBを用意した。いずれも対策期間は10日間とする。

目標得点別・テスト対策の概要

●**プランA…「上位追撃型」**

対象者：普段の定期テストで平均点に届かない人
目標　：「上位3割以内」に入る得点率を狙う（8割以上）
ターゲット：教科書の例題、練習問題、節末問題、章末問題

●**プランB…「着実ステップアップ型」**

対象者：普段の定期テストで赤点ギリギリの人
目標　：「平均点 + α」を確実に達成する
ターゲット：教科書の例題、練習問題、節末問題

＊いずれのプランも「当日復習」→（就寝前復習）→「翌日復習」→「週末復習」で試験範囲をひと通り復習してあることが前提条件。

▶ 各プランの戦術と対象レベルの目安

　高得点を狙うプランAは、教科書の例題と節末問題レベルで総得点の5〜6割、章末問題レベルで2〜3割の得点を狙う。普段の定期テストで「赤点ほどではないにしても平均点に届かない」人に勧めたい。まだ定期テストを受けたことのない新高1生も、プランAで上位を狙おう。

　章末問題レベルの出来次第では9割超えも可能なので、授業で教科書の章末問題やそれに準じる傍用問題集の問題を解いたときは、《当日→就寝前→翌日→週末》の"復習バリア"を通じて、自力で解ける問題を増やしておく。

　これまでの定期テストを赤点ギリギリで切り抜けてきた人は、「平均点超え」が目標のプランBの選択を推奨する。**教科書の例題、練習問題、節末問題の攻略を最優先課題**とし、余裕があれば章末問題にターゲットを広げる。テストの結果がよければ、次回からプランAに切り換えよう。

■プランA：「上位追撃型」のテスト対策

章末問題レベルの攻略を重視！

テスト対策の期間は10日間を目安にする。前半は試験範囲の教科書の例題、練習問題、節末問題をすべて自力で解けるようにする。後半は教科書の章末問題に照準を合わせ、これもすべて自力で解けるまで解き直しをする。

時間的な余裕があれば、授業で扱った傍用問題集の範囲から、章末問題レベルの問題に絞って自力で解けるようにして試験に臨もう。

◎「上位追撃型」の10日間スケジュール

期間＊	ターゲット	具体的勉強法
10日前	試験範囲になっている教科書の例題、練習問題、節末問題	①例題・練習問題・節末問題のうち、「週末復習」で×印がついたものをすべて解く。間違えた問題は正解できるまで解き直す。
9日前		
8日前		
7日前		②試験範囲の例題、練習問題、節末問題をすべて解き直す（①で正解できたものを除く）。すべて自力で解けるようにしてから次へ。
6日前		
5日前	試験範囲になっている教科書の章末問題＊＊	③章末問題のうち、「週末復習」で間違えたものを解く。間違えた問題は正解できるまで解き直す。
4日前		
3日前		④章末問題のうち、③で正解したもの以外を解き直し、間違えた問題は自力で解けるまで復習する。
2日前		
1日前		
テスト当日	不安な問題を中心に「解かずに復習」で見直しをする。	

＊　期間はあくまでも目安であり、柔軟に変更してかまわない。
＊＊余裕があれば傍用問題集の同等レベルの問題も解く。

■プランB：「着実ステップアップ型」のテスト対策

例題、練習問題、節末問題を確実にマスター！

プランBでは、試験範囲になっている教科書の例題、練習問題、節末問題の攻略にほぼすべての期間を費やす。すべて自力で解けるようになり、時間的な余裕があれば章末問題にも手を広げる。

◎「着実ステップアップ型」の対策スケジュール例

期間	ターゲット	具体的勉強法
10日前	試験範囲になっている教科書の例題、練習問題、節末問題	①例題・練習問題・節末問題のうち「週末復習」で×印がついたものを解く。間違えた問題は正解できるまで解き直す＊。
9日前		
8日前		
7日前		
6日前		
5日前		②試験範囲の例題・練習問題・節末問題をすべて解き直す。テスト前日までにすべての問題を自力で解けるようにする＊＊。
4日前		
3日前		
2日前		
1日前		
テスト当日	不安な問題を中心に「解かずに復習」で見直しをする。	

＊　間違えた問題は「就寝前復習」と「翌日復習」を実践する。
＊＊余裕があれば、章末問題のうち、試験に出そうなものに絞って復習する。

GUIDE 19のまとめ

1. 定期テスト対策を利用して、解法定着を総合的にチェック！
2. 例題、練習問題、節末問題を自力で解けるようにして臨む。
3. 余裕があれば、章末問題や傍用問題集に範囲を広げる。

GUIDE 20 「テスト後メンテ」

やや発展的な問題の復習をメインに！

実戦力強化のメンテナンス

▶ 定期テスト後の復習スケジュール

　定期テストが終わると、緊張から解放されて急に気持ちが軽くなる。頑張ったごほうびに、思いっきり遊ぶ日を作ってもいいだろう。ただ、テストが終わっても平常の授業は続く。すでに習慣になっている「当日復習」→（就寝前復習）→「翌日復習」→「週末復習」のサイクルを淡々と実践しよう。

　さらに、今回のテスト範囲についても、定期的に復習しておかないと、せっかく定着させた解法が抜け落ちていってしまう。

　テスト後に新しく進む範囲は、これまでと同じ"復習バリア"で解法定着を進める。それ以前の範囲については、たとえば「月・水・金＋週末」のように復習日を決めて取り組むことを勧めたい。

　復習時間の比率は、新しい範囲：以前の範囲＝3：1くらいを目安にするとよいだろう。全体の勉強時間は若干増えるが、計算スピードや解法定着の精度も向上していくので、思ったほどの負担感はない。

定期テスト後の復習プラン

テストまでの範囲（範囲A）	定期テスト	新しい範囲
		範囲Aの復習

＊テストが終わったあとも、定期的にそれまでの範囲を復習して、身につけたことが抜けないようにする。

結果を分析して今後の課題を設定する

　定期テストを受けたときは、思い通りにいかなかった点を反省し、今後の勉強法で改善すべき点や課題を洗い出しておく。「今回はダメだった。次からは頑張ろう」と決意して終わるだけでは、結局何も変わらない。

　結果分析では、特に下の5つのチェック項目が大切だ。

①目標点と実際の得点のギャップはどれくらいだったか。
②時間内にすべての問題に手をつけられたか。
③教科書の例題レベルの問題で何割くらい得点できたか。
④特に定着率の低い項目や単元はなかったか。
⑤確実に解ける問題をケアレスミスで落とさなかったか。

　反省点から課題を引き出したら、下の表のように紙に書いて、目に見えるところに貼っておく。そして、勉強を始める前にこれを見て、自分の弱点や課題をしっかり確認してからその日の勉強や復習に取り組もう。

定期テストの反省点と課題設定例

反省点	次回のテストまでの課題
時間が足りずに焦った。	計算スピードを上げる。 復習の回数を増やす。
計算ミスでの失点が多い。	普段から見直しの習慣をつける。
「グラフの移動」が全滅。	教科書 p.70、79、80と節末問題3、5を徹底復習。
記述問題で減点された。	模範解答をよく研究して書き方をマネする。

▶ 1週間後、1か月後に同じテストで再試験！

テストの答案が返却されるとき、授業中に解答を解説してくれる場合は、教師の説明をしっかり聞いて模範解答をノートに書き写す。理解できないところは、教師に質問してその場で解決しておく。

授業中に解説せず、解答と解説のプリントを配付して各自復習するように指示される場合は、家に帰ってから丁寧に解答検討をする。理解できないところは翌日、教師に質問して解決しておくのは同じだ。

定期テストは、"まとめ教材"として、テスト後の復習にも積極的に活用したい。解答を理解できたら、その日のうちに間違えた問題を解き直して正解を出せるようにしておく。

答案が戻ってきてから1週間後と1か月後には、同じテストを受け直す"再試験"をやってみる（すべての問題を解いて採点）。両方とも当然100点を目標にするが、それでも間違えた問題は、「なぜ間違えたのか」の原因をハッキリさせたうえで、このあと何度か解き直しをしておこう。

▶ 弱点をつぶしてから「総合的復習」へ

テストの結果分析から、教科書の例題レベルの解法定着に"穴"が見つかったら、その項目や範囲の例題と練習問題を徹底的に復習する。まだ確実に覚え切っていない公式や定理も、この機会に完全に暗記してしまおう。

そのあとは、教科書の応用例題や章末問題の解き直しをメインに、その範囲を総合的に復習する。これらの問題は、いくつかの基本的な解法や考え方を組み合わせて解くようになっているので、その範囲での重要事項を総合的に復習することができる（次ページ参照）。

「テスト後メンテ」では、教科書の例題レベルの解法や知識をベースに、それを発展的に適用する力をつけることも大きな目的だ。ここで根気強く総合的な復習をしておくと、模試や実力テストでも威力を発揮するので、新しい範囲の勉強と合わせて継続的に実践してほしい。

複数の知識・解法を復習できる「応用例題」

応用例題 6

2次方程式 $2x^2+2mx+1=0$ が実数解をもつとき、定数 m の値の範囲を求めよ。

考え方… 判別式を D とすると、2次方程式が実数解をもつのは $D \geqq 0$ のときである。

①「判別式」の復習

解答

この2次方程式の判別式を D とすると
$$D=(2m)^2-4 \cdot 2 \cdot 1 = 4(m^2-2)$$
2次方程式が実数解をもつのは $D \geqq 0$ のときであるから

②「実数解をもつ条件」の復習

$$m^2-2 \geqq 0$$
$m^2-2=0$ を解くと $m=\pm\sqrt{2}$
よって、求める m の値の範囲は
$$m \leqq -\sqrt{2},\ \sqrt{2} \leqq m$$

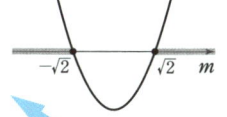

③「2次不等式の解法」の復習

『高等学校 数学Ⅰ』（数研出版、p.110）

GUIDE 20 のまとめ

1. 定期テストの結果を分析して、今後の課題を引き出そう。
2. 今回のテストも復習の素材としてフルに活用する！
3. 応用（発展）例題や章末問題を中心に総合的な復習を実践しよう！

第5章

覚えたことを使ってみよう！

教科書だけでも偏差値60に届く

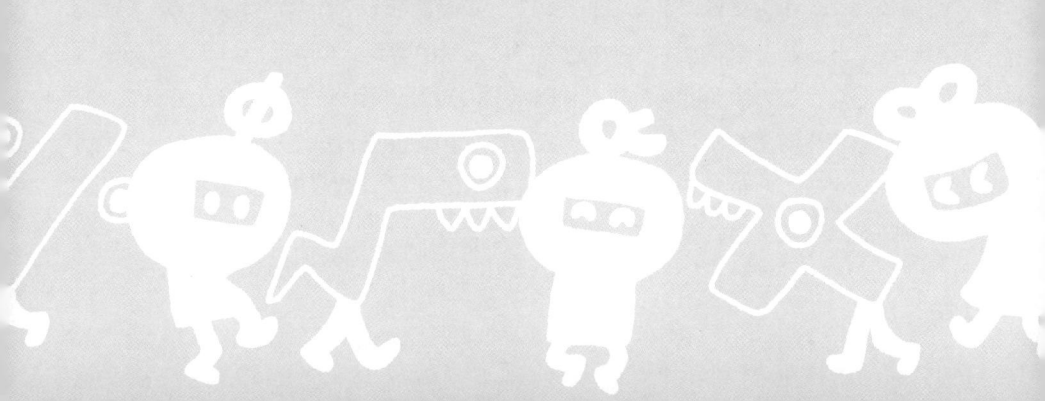

GUIDE 21　教科書と入試問題

入試問題は教科書の知識で解ける！

"問題の作られ方"を分析する

▶ 「教科書レベル」は侮れない

　受験の世界では、入試問題や参考書の難易度を表す言葉として、「入門」「基礎」「標準」「やや難」「難」などがよく用いられる。イメージとしては「入門」や「基礎」がいわゆる教科書レベルで、「標準」から上になると「教科書レベルを超える」と捉えられることが多い。

　こうしたレベル分けは、受験生にあらぬ誤解を生じさせる一因にもなる。たとえば、「入試標準」とか「やや難レベル」と表記された問題は、「教科書レベルの知識では解けない」と思ってしまう人が少なくない。

　しかし、数学の入試問題は、「標準」でも「やや難」でも、**教科書で習った解法を使えばかならず解けるように作られている**。教科書の例題の解法をそのまま適用すれば解ける問題も、毎年多数出題されている。

　こうした入試問題の"作られ方"を分析してみよう。

▶ 「教科書レベル」の知識で解く入試問題

　次ページに載せた入試問題を見てほしい。法政大学法学部の入試偏差値は予備校のランキング表によると55～60で、この問題もなかなか骨がある。記述式解答であることを考慮すると、難易度は入試標準レベルに近い。

　しかし、この問題は「教科書レベル」の知識、具体的には数学Ⅰの「2次関数」で習う解法を使えば解ける。授業でこの範囲を習っていない人は、これから説明することがよく理解できなくても気にせず、「教科書の知識を使えば入試問題が解ける」という視点で読み進めてほしい。

〔Ⅱ〕 $f(x)=x^2-2tx+(t-n)(t-m)$ とおく。ただし，t は実数の定数とし，n, m は0以上の整数の定数とする。

(2) $n=1, m=2$ とする。$f(x)=0$ が異なる2つの正の解をもつような，t の値の範囲を求めよ。

(法政大学法学部、小問(1)、(3)は省略)

同じ解法を使う例題が教科書にある

まずは上の問題で「何を求めればよいのか」を読み取ってみよう。

与えられた2次関数 $f(x)=x^2-2tx+(t-n)(t-m)$ について、$n=1$、$m=2$ としたときの、「$f(x)=0$ が異なる2つの正の解をもつような、t の値の範囲」が「求めるもの」である。

「$f(x)=0$ が異なる2つの正の解をもつ」という設定がこの問題のミソで、単純に判別式 $D>0$ として解いただけでは不正解である。実際の試験ではこれで間違えた人がかなり多かったものと推測される。

だが、この入試問題を解くのに必要な考え方や解法を扱った例題は、たいていの教科書に載っている。それを示しておこう。

応用例題9　2次関数 $y=x^2-2mx-m+6$ のグラフが x 軸の正の部分と、異なる2点で交わるとき、定数 m の値の範囲を求めよ。

『高等学校　数学Ⅰ』(数研出版、p.113)

上の「応用例題9」は教科書では「2次関数」の最後のほうに載っているやや難しい例題で、これをベースにした入試問題は非常に多い。

2次関数のグラフが「x 軸の正の部分と、異なる2点で交わるとき」という設定が、法政大学の入試問題の「$f(x)=0$ が異なる2つの正の解をもつ」と同じ意

味であることがわかるだろうか。

法政大学の入試問題と教科書の例題を比べると、与えられた2次関数は違うものの、「何を求めるか」「どうやって解くか」は同一なのだ。

解答に必要な「3つの条件」を引き出す

入試問題　：　$f(x)=0$ が異なる2つの正の解をもつ
応用例題9：2次関数のグラフが x 軸の正の部分と異なる2点で交わる

の下線部はグラフで表すと同じ意味である。どちらも右図のように、下に凸の放物線が x 軸の正の部分と異なる2点で交わっている（異なる2つの正の解を持つ）状態である。

このような放物線を定めるには、具体的に下のような3つの条件を同時に満たすことが必要となる。

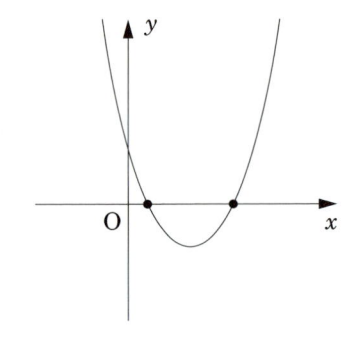

《条件1》　2次方程式 $f(x)=0$ の解の個数に関する条件
　　　　　→判別式を D とすると、$D>0$ ……①
《条件2》　2次関数 $y=f(x)$ の軸の位置に関する条件
　　　　　→放物線の軸 >0……②
《条件3》　2次関数 $y=f(x)$ の y 切片に関する条件
　　　　　→ $f(0)>0$ ……③
（注）$f(0)$ は、$x=0$ のときの y の値（グラフと y 軸の交点の y 座標＝y 切片）

「応用例題9」の解答を次ページに掲載するので、じっくり読みながら、上の3つの条件が解答のどの部分に対応しているかを確認し、それぞれの条件が「なぜ必要になるのか」を考えてみよう。

応用例題 9 2次関数 $y = x^2 - 2mx - m + 6$ のグラフが x 軸の正の部分と，異なる2点で交わるとき，定数 m の値の範囲を求めよ。

考え方 … グラフの軸の位置や y 軸との交点の位置などに着目する。

解答

関数の式を変形すると
$$y = (x-m)^2 - m^2 - m + 6$$
グラフは下に凸の放物線で，その軸は直線 $x = m$ である。

グラフが x 軸の正の部分と，異なる2点で交わるのは，次の[1]，[2]，[3]が同時に成り立つときである。

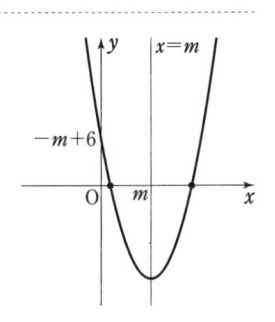

条件1
[1] グラフが x 軸と異なる2点で交わる。
2次方程式 $x^2 - 2mx - m + 6 = 0$ の判別式を D とすると $D > 0$ であればよい。
$$D = (-2m)^2 - 4 \cdot 1 \cdot (-m+6) = 4(m^2 + m - 6)$$
$m^2 + m - 6 > 0$ から $(m+3)(m-2) > 0$
これを解いて $m < -3,\ 2 < m$ ……①

条件2
[2] グラフの軸が y 軸の右側にある。
$m > 0$ ……②

条件3
[3] グラフと y 軸の交点の y 座標が正である。
$-m + 6 > 0$ から
$m < 6$ ……③

①，②，③の共通範囲を求めて
$2 < m < 6$

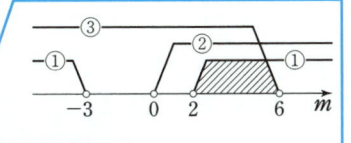

条件1～3を同時に満たす範囲

『高等学校　数学Ⅰ』（数研出版、p.113）

▶ 設問の設定を満たす条件を絞り込む

例題の解答を読んで「3つの条件」の意味がわかった人は、117ページの法政大学の入試問題を自力で解いてみよう（解答は122ページに掲載）。

解答を見てもピンとこない人のために、少し解説しておきたい。

《条件1》の判別式 $D>0$ は、「2次方程式が異なる2つの実数解をもつ」ために必要な条件だ。ただし、$D>0$ を満たしたからといって、「2つの実数解が両方とも正」とは限らない。たとえば、右の図1、2に示した2つの放物線も $D>0$ を満たしているが「x 軸との共有点が両方とも正」ではない。

そこで、「2つの実数解がともに正である」ための条件をさらに絞り込んでいく。

その1つが、「放物線の軸が y 軸の右側にある（軸 >0）」という条件だ。

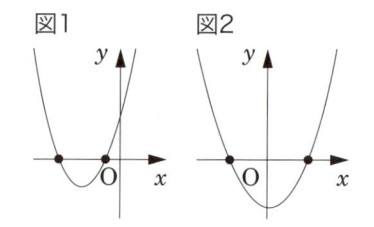

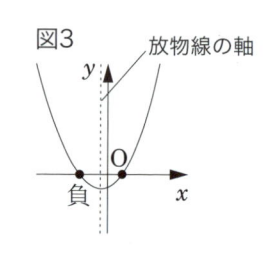

もし、放物線の軸が y 軸よりちょっとでも左側にあると（軸 <0）、図3のように、どんなに頑張っても一方の交点が負になってしまう。

▶ 手を動かして理解を深めよう！

以上の《条件1》と《条件2》を満たすグラフでもまだ安心できない。たとえば、図4のグラフは「x 軸との共有点が2個」で、「放物線の軸が y 軸よりも右側にある」が、一方の共有点が負になっている。

ここで《条件3》の登場だ。図4のグラフは y 切片が負になっているが、このようなグラフを除外したい。それには、《条件1》と《条件2》

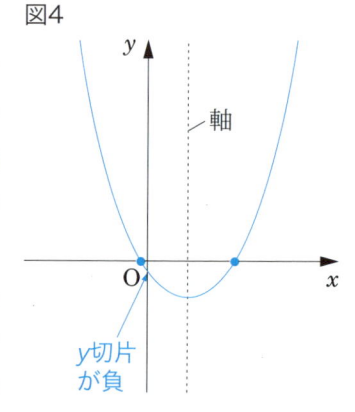

120

を満たしたうえで、「グラフと y 軸の交点の y 座標（y 切片）が正である」という《条件3》を加えればよい。

図5

この3つの条件が同時に成り立てば、どんな形状の放物線でもかならず「x 軸の正の部分と異なる2点で交わる」という設問の要求を満たすことになる（図5参照）。

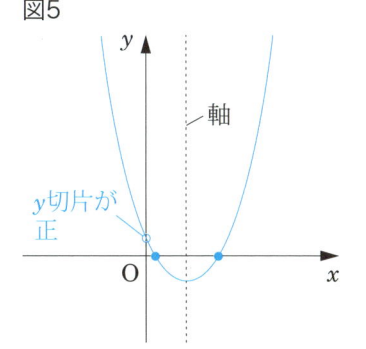

実際、3つの条件をすべて満たしているのに、片方の交点が負になるグラフを描けるかどうか試してみよう（下図参照）。どうやっても無理だ。《条件1》と《条件2》だけでは防げない"抜け道"を、《条件3》が完全に封じている。

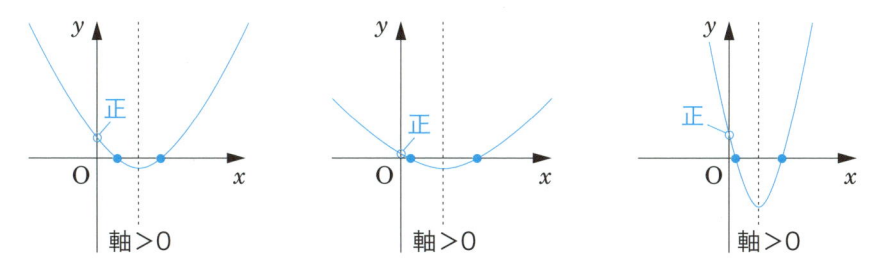

このように、自分の手でいろいろなグラフを描くことで、いっそう理解を深めることができる。解答を理解するときにはぜひ実践してほしい。

「連立不等式の解法」は教科書の基本

「応用例題9」では、「3つの条件」から求めた①、②、③の不等式を、数直線で表してその共通部分を求めている。「連立不等式の解法」は、教科書では基本的な例題としてかならず載っている。それほど難しくないので、まだ習っていない人は教科書で独習してからチャレンジしてみよう。数直線上に①〜③の範囲を書き込み、それらの共通範囲を求めればそれが答えになる。

さて、「応用例題9」の解答を理解できたら117ページ上の入試問題を自力で解いてみよう。解答例を次ページに掲載する（「応用例題9」の解答が手本）。

《解答例》

$f(x)=x^2-2tx+(t-n)(t-m)$ に $n=1$、$m=2$ を代入すると、

$f(x)=x^2-2tx+(t-1)(t-2)$ → $x=0$ を代入すると $f(0)=\underline{(t-1)(t-2)}$

平方完成すると、

$f(x)=(x-t)^2-t^2+(t-1)(t-2)$

グラフは下に凸の放物線で、その軸は直線 $x=t$ である。

$f(x)=0$ が異なる2つの正の解をもつのは、次の[1]～[3]が同時に成り立つときである。

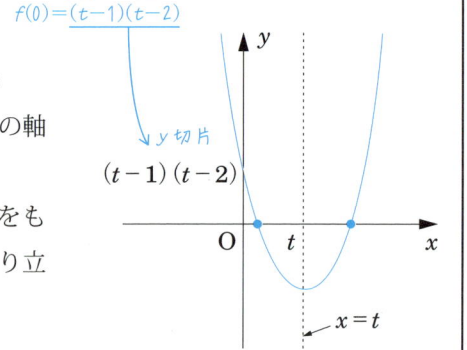

y 切片 $(t-1)(t-2)$

[1] 2次方程式 $x^2-2tx+(t-1)(t-2)=0$ の判別式を D とすると $D>0$ であればよい。

$\begin{aligned}D&=(-2t)^2-4(t-1)(t-2)\\&=4t^2-4(t^2-3t+2)\\&=4(3t-2)\end{aligned}$

$3t-2>0$ から、$t>\dfrac{2}{3}$ ……①

[2] グラフの軸が y 軸の右側にある。

$t>0$ ……②

[3] グラフと y 軸の交点の y 座標が正である。

$f(0)>0$ から、$(t-1)(t-2)>0$

これを解いて、

$t<1$ または $2<t$ ……③

①、②、③の共通範囲を求めて、

$\underline{\dfrac{2}{3}<t<1,\ 2<t}$ …（答）

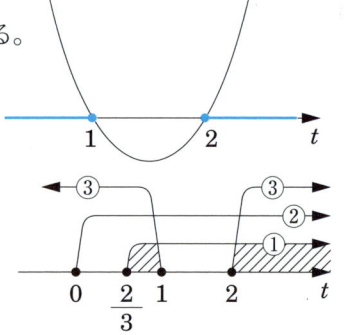

▶ "変化球"への対応力も教科書で養える！

　この問題では、「$f(x)=0$ が異なる2つの正の解をもつ」という設定だったが、この部分が「$f(x)=0$ が異なる2つの負の解をもつ」、あるいは「$f(x)=0$ が正の解と負の解をもつ」に変わっても対応できるだろうか。

　数学が苦手な人は、こうした"変化球"に弱い。「やったことがない」「難しそうだ」と尻込みをして、すぐにあきらめてしまうからだ。

　しかし、教科書や授業では、「変化球の打ち返し方」もちゃんと教えてくれる。

　下の章末問題の13がそれである。では、ノートと鉛筆を用意して自力で解けるかどうか試してみよう。

13　2次方程式 $x^2-2mx+m+12=0$ が、次のような解をもつように、定数 m の値の範囲を定めよ。

(1) 異なる2つの正の解　　(2) 異なる2つの負の解

(3) 正の解と負の解

ヒント

8　(1) 点 (a, b) と x 軸に関して対称な点の座標は $(a, -b)$ である。

13　2次関数 $y=x^2-2mx+m+12$ のグラフを考える。(3)はグラフと y 軸の交点に着目する。

『高等学校　数学Ⅰ』（数研出版、p.117「章末問題B」より）

GUIDE 21 のまとめ

1. すべての入試問題は「教科書レベル」の知識を使って解く！
2. 教科書の例題が「そのまま」使われる入試問題もある。
3. "変化球"への対応の仕方も教科書から学べる！

GUIDE 22 「応用力」をつける方法

知識を活用するトレーニング

解法の適用範囲を広げる

▶ 「考え方」「解き方」を自分のモノに！

　前節の最後に紹介した章末問題は、「応用例題9」（119ページ）で得た知識の活用法を学ぶのが目的で、明らかに入試の頻出・重要問題を意識している。

13　2次方程式 $x^2-2mx+m+12=0$ が，次のような解をもつように，定数 m の値の範囲を定めよ。

(1) 異なる2つの正の解　　(2) 異なる2つの負の解

(3) 正の解と負の解

ヒント

8 (1) 点 (a, b) と x 軸に関して対称な点の座標は $(a, -b)$ である。

13 2次関数 $y=x^2-2mx+m+12$ のグラフを考える。(3)はグラフと y 軸の交点に着目する。

『高等学校　数学I』（数研出版、p.117「章末問題B」より）

　この問題を自力で解けなくても、ガッカリすることはない。大切なのは授業で解説された「考え方」や「解き方」を自分で使えるようにすることだ。

　問題文を読むと、前節の法政大学の入試問題や「応用例題9」に関連する類題であるとわかる。

　次ページに解答例を示す。解答の中で理解できないことがあれば、「応用例題9」の解答について説明した部分（120～122ページ）をもう一度読んでから戻ってきてほしい。

《(1)の解答例》

2次方程式 $x^2-2mx+m+12=0$ の判別式を D とすると、

$D=(-2m)^2-4(m+12)$
$=4(m^2-m-12)$
$=4(m+3)(m-4)$

また、$x^2-2mx+m+12$ は、

$(x-m)^2-m^2+m+12$

と平方完成できるので、

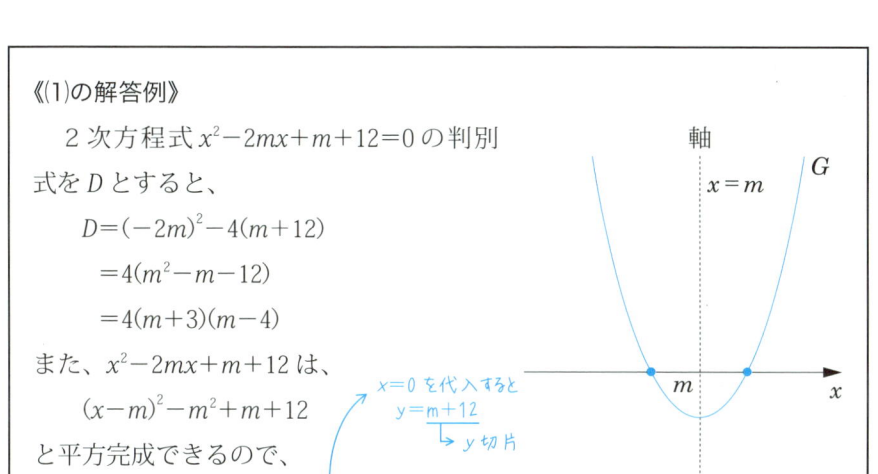

$x=0$ を代入すると $y=m+12$ → y 切片

2次関数 $y=x^2-2mx+m+12$ は下に凸の放物線で、その軸は $x=m$ である。このグラフを G とする。

……………………………………（A）

2次方程式 $x^2-2mx+m+12=0$ が異なる2つの正の解をもつためには、以下の3つの条件を同時に満たすことが必要である。

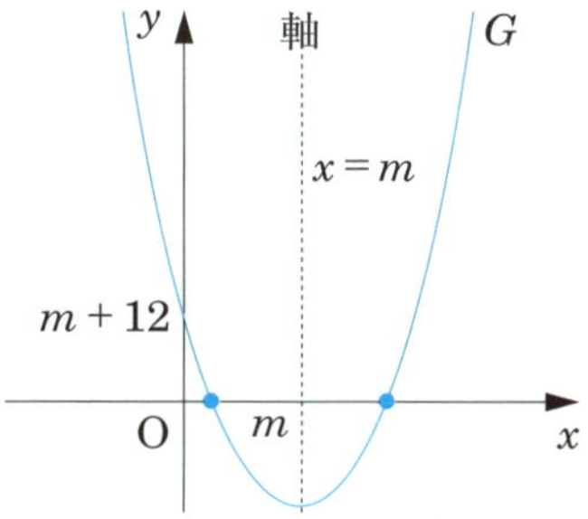

[1] $D>0$ である。

$(m+3)(m-4)>0$ を解くと、

$m<-3$ または $4<m$ ……①

[2] グラフ G の軸が y 軸の右側にある。

$m>0$ ……②

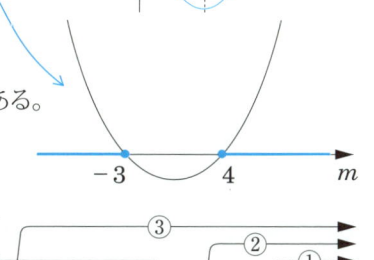

[3] グラフ G と y 軸の交点の y 座標が正である。

$m+12>0$
$m>-12$ ……③

①、②、③の共通範囲を求めて、

$\underline{m>4}$ …（答）

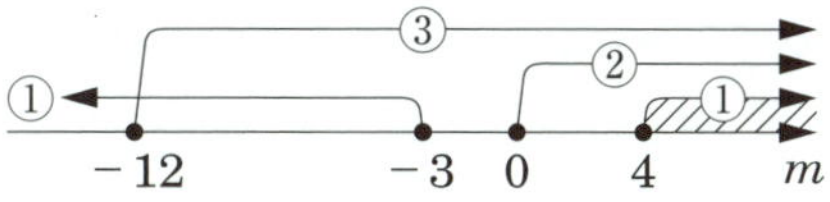

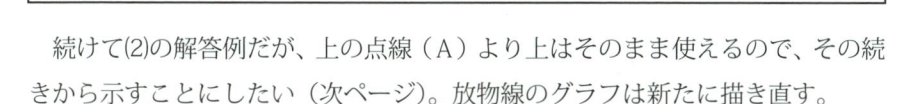

続けて(2)の解答例だが、上の点線（A）より上はそのまま使えるので、その続きから示すことにしたい（次ページ）。放物線のグラフは新たに描き直す。

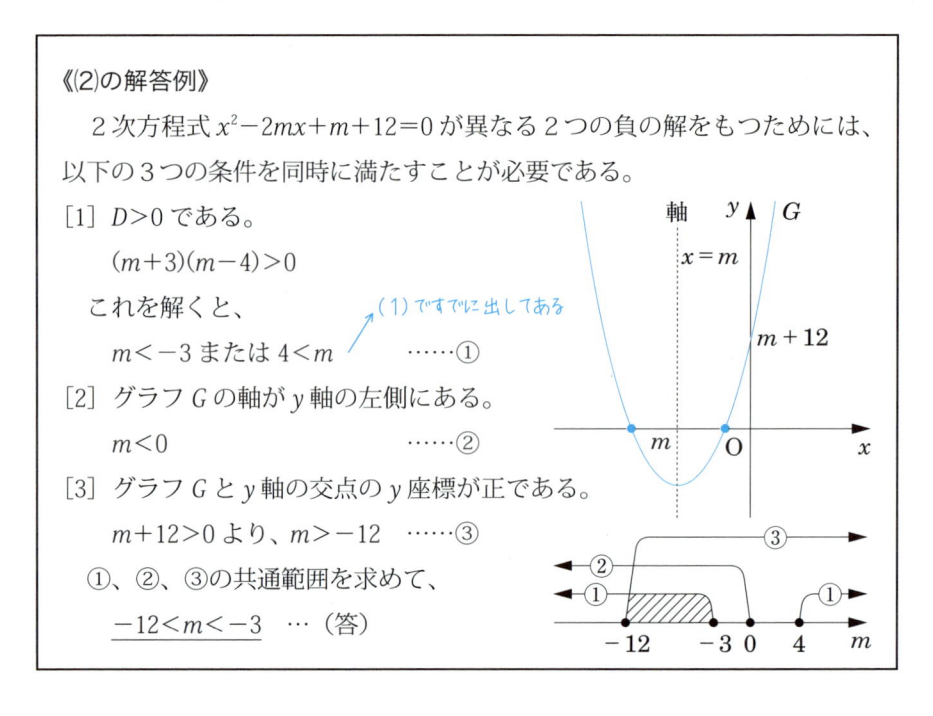

《(2)の解答例》

2次方程式 $x^2-2mx+m+12=0$ が異なる2つの負の解をもつためには、以下の3つの条件を同時に満たすことが必要である。

[1] $D>0$ である。

$(m+3)(m-4)>0$

これを解くと、　(1)ですでに出してある

$m<-3$ または $4<m$ ……①

[2] グラフ G の軸が y 軸の左側にある。

$m<0$ ……②

[3] グラフ G と y 軸の交点の y 座標が正である。

$m+12>0$ より、$m>-12$ ……③

①、②、③の共通範囲を求めて、

$-12<m<-3$ …（答）

▶ 手を動かすことで頭が冴える！

(2)の解答例で示したグラフを見てほしい。この2次方程式が異なる2つの負の解を持つためには、判別式 $D>0$ に加えて放物線の軸が y 軸より左側にあること（$m<0$）、さらに y 切片（グラフと y 軸との交点の y 座標）が正であること（$m+12>0$）が必要になる。

これは、(1)で「3つの条件」を定めた考え方の応用編だ。まずは設定に合致するグラフを描き、そこから条件を絞り込んでいく。グラフを描くことで頭の中が整理され、必要な条件が見えやすくなるので、かならず実践してほしい。

(1)の解答を理解できれば、(2)は、放物線の軸の条件を $m<0$ に変えるだけでよいとわかるだろう（あとの2つの条件は変わらず）。

では、(3)の「正の解と負の解」はどうか。これはハッキリ言って難しい。だから、教科書の欄外に「ヒント」が出ている。

▶ 設定に合うグラフの共通点を考える

「2次方程式 $x^2-2mx+m+12=0$ が正の解と負の解をもつ」ということは、2次関数 $y=x^2-2mx+m+12$ のグラフを描いたとき、x 軸と交わる異なる2つの交点のうち「片方が負、片方が正」になる。

このようなグラフを、できれば3つ以上描いてみよう。

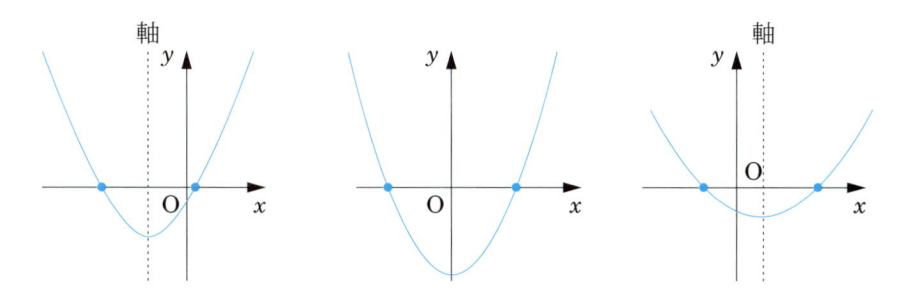

上の3つのグラフを見て「共通点はなんだろう？」と考えてみる。どうやら軸の位置は関係なさそうだ。判別式 $D>0$ だけでは「両方とも正」「両方とも負」のケースが出てきてしまう……。

ここで、章末問題の欄外にある「ヒント」を見てみよう。

「(3)はグラフと y 軸の交点に着目する」

と書かれている。上の図を見て「グラフと y 軸の交点」に着目すると、いずれも y 切片が負になっている。つまり、$y=x^2-2mx+m+12$ に $x=0$ を代入したときの y の値が負になれば、「x 軸と異なる2点で交わり、片方の交点が負、もう一方の交点が正になる」のではないか？

そう考えられたらシメたものだ。(3)の解答は下のようになる。

---

(3)　2次方程式 $x^2-2mx+m+12=0$ が正の解と負の解をもつには、

　$y=x^2-2mx+m+12$ のグラフと y 軸の交点の y 座標が負であればよい。

　したがって、$m+12<0$ より、

　　$\underline{m<-12}$ …（答）

▶ 疑問点は積極的に質問しよう！

(3)が難しいと言ったのは、(1)や(2)とは着眼点が違い、「グラフとy軸の交点のy座標（y切片）が負であればよい」という条件を見抜きにくいからだ。

ところで、(3)の解答で「判別式$D>0$の条件は必要ないの？」と疑問に思った人もいるだろう。(1)や(2)では必要だった$D>0$の条件が、なぜ(3)では使わなくてよいのか、不思議に思って当然だ。

授業中にこういう疑問が出てきたときは、かならず教師に質問して解決しよう。**疑問点を1つ解決するたびに1つ賢くなる。**教師もこの手の質問は歓迎してくれる。

簡単に説明すると、下に凸の放物線がx軸より下の部分にはみ出す（その関数が負の値をとる）ときは、かならずx軸と異なる2点で交わるからである（図1参照）。

ということは、y切片が負になる2次関数（下に凸）は、かならずx軸と異なる2点で交わっているので、わざわざ$D>0$の条件を持ち出す必要がないのだ（図2参照）。

図1

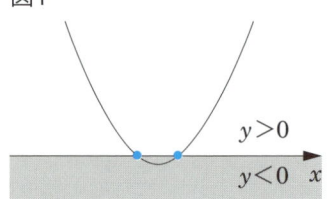

$y>0$
$y<0$

図2

y切片が負
↓
かならずx軸と異なる2点で交わる！

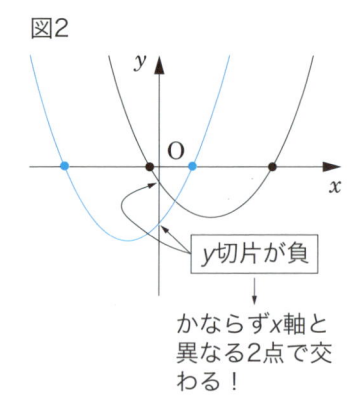

▶ 「問題と格闘する姿勢」を身につけよう！

ここまで説明したことは、授業でもやるだろうし、受験用の参考書にも書かれている。いきなり自力で解けなくてもよいが、「手を動かしながら考え、思いついたら手を動かしてみる努力」だけは惜しまないでほしい。

1時間も2時間も考える必要はないが、章末問題レベルなら、せめて10～15分は集中して問題と格闘してみよう。教科書に載っている問題を活かして応用力をつけるには、「能動的に問題に立ち向かう姿勢」「問題から貪欲に学び取ろうとする姿勢」が欠かせない。

放物線と x 軸の交点の正負（まとめ）

＊下に凸の放物線が x 軸と異なる2点で交わる場合…

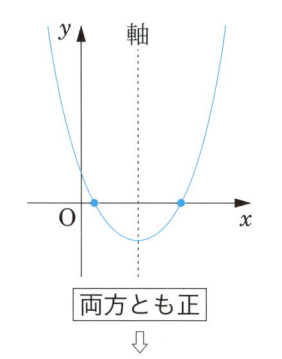

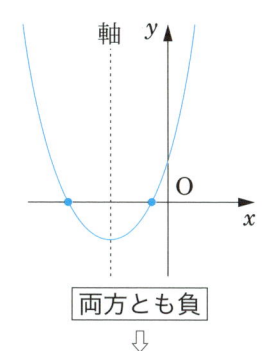

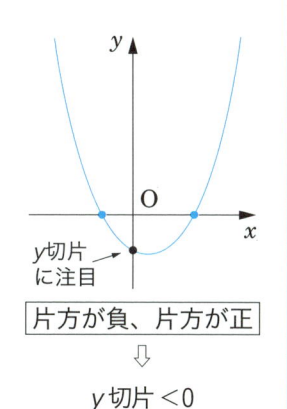

両方とも正	両方とも負	片方が負、片方が正
⇩	⇩	⇩
ⅰ) $D>0$ ⅱ) グラフの軸 >0 ⅲ) y 切片 >0	ⅰ) $D>0$ ⅱ) グラフの軸 <0 ⅲ) y 切片 >0	y 切片 <0

（右図：y 切片に注目）

　章末問題の解法に関するまとめを上に掲載しておく。次節では、ここで得た知識をベースに「問題と格闘するトレーニング」をやってみよう。

GUIDE 22 のまとめ

1. 教科書の章末問題を「応用力養成」に活用しよう！
2. 「手を動かしながら考える」努力を惜しまない。
3. 「問題と格闘する姿勢」を身につけよう！

GUIDE 23 問題と格闘する

「教科書レベル」の高さを実感する

「知識の応用」の実地訓練

▶ 実力問題にチャレンジしてみよう！

この章の締めくくりとして、実力問題に取り組んでもらう。テーマは「問題と格闘する」だ。次の問題にチャレンジしよう。

《実力問題1》

a を定数とし、x の2次関数 $y = x^2 - 2(a-1)x + 2a^2 - 8a + 4$ ……① のグラフを G とする。

(1) グラフ G が表す放物線の頂点の座標は、
 $(a - \boxed{ア}, a^2 - \boxed{イ}a + \boxed{ウ})$ である。グラフ G が x 軸と異なる2点で交わるのは
 $\boxed{エ} - \sqrt{\boxed{オ}} < a < \boxed{エ} + \sqrt{\boxed{オ}}$
のときである。さらに、この2つの交点がともに x 軸の負の部分にあるのは
 $\boxed{カ} - \sqrt{\boxed{キ}} < a < \boxed{ク} + \sqrt{\boxed{ケ}}$
のときである。

(センター試験　数学I・Aより)

このあと問題の解説をしていくが、まずは自力で解けるところまで頑張ってみよう。完答ではなく「完走」が目標だ。自力で全部解けた人は、解説を読みながら解答の検討をしてほしい。

途中で行き詰まって先に進めなくなってしまったら、以下の解説をじっくり読んで「行き詰まった原因」をハッキリさせる。そして、そこから先はまた自力で解いていこう。

情報を整理してから解き始める

まずは問題文を読んで「何を求めればよいのか」を把握しておこう（82ページ参照）。すると、

①グラフ G の頂点の座標
②グラフ G が x 軸と異なる 2 点で交わるときの a の範囲
③ 2 つの交点がともに x 軸の負の部分にあるときの a の範囲

の 3 つが問われていることがわかる。まずは頂点の座標だが、これは与えられた 2 次式を平方完成して求める。

$y = x^2 - 2(a-1)x + 2a^2 - 8a + 4$ ← 下に凸の放物線 / y 切片は $2a^2-8a+4$ / $x=0$ を代入して求める

$= \{x-(a-1)\}^2 - (a-1)^2 + 2a^2 - 8a + 4$

$= \{x-(a-1)\}^2 - (a^2-2a+1) + 2a^2 - 8a + 4$

$= \{x-(a-1)\}^2 + a^2 - 6a + 3$ ← あとで使う！ → グラフの軸は $x = a-1$

よって、頂点の座標は $(a-1, a^2-6a+3)$

ア＝1　イ＝6　ウ＝3　……（答）

判別式を使わずにグラフ活用で解く方法

グラフ G が x 軸と異なる 2 点で交わるときの a の範囲は、判別式 $D>0$ を満たす a の範囲を求めればよい。

ただ、ここは直前に求めた頂点の座標を利用するのがうまい方法だ。

右図のように、グラフ G は下に凸の放物線なので、頂点の y 座標 < 0 であれば、かならず x 軸と異なる 2 点で交わる。したがって、

$a^2 - 6a + 3 < 0$

を解いて a の範囲を求めればよい。

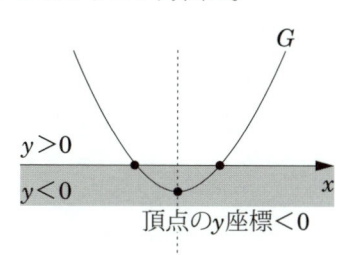

頂点の y 座標 < 0

受験用の参考書や模試、過去問などの解説でかならずお目にかかる解法だが、いまは知らなくても気にしなくてよい。

▶ "教科書通り"の解き方で答えを求める

ここでは、教科書通りに判別式 $D>0$ から a の範囲を求めてみよう。以下に解答例を示しておく。

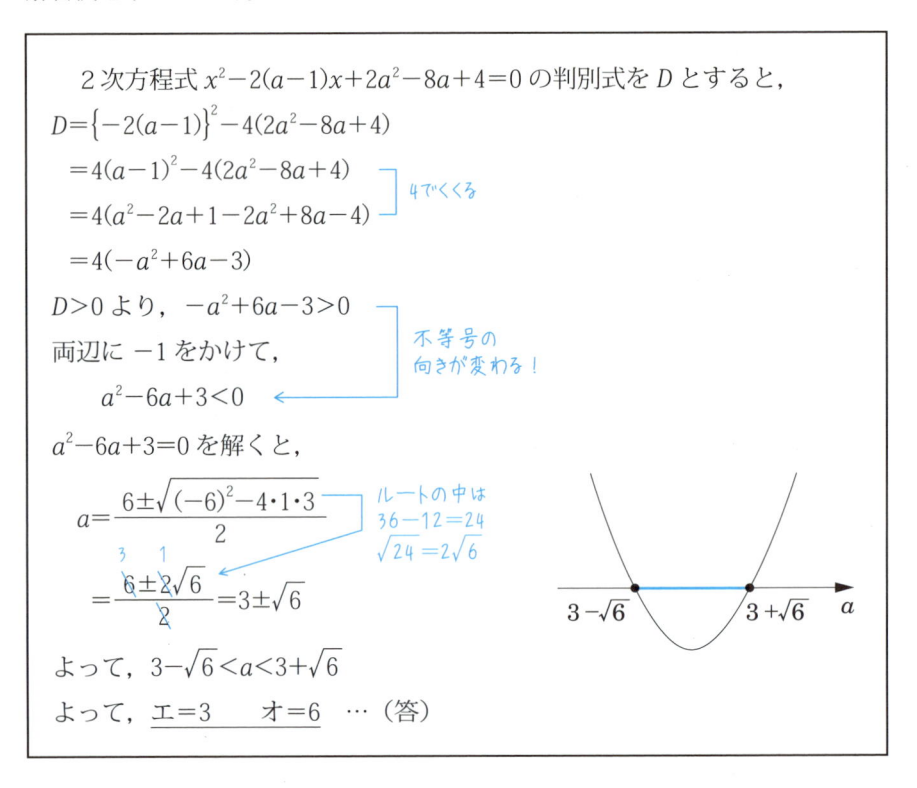

2次方程式 $x^2-2(a-1)x+2a^2-8a+4=0$ の判別式を D とすると,

$D=\{-2(a-1)\}^2-4(2a^2-8a+4)$

$\quad =4(a-1)^2-4(2a^2-8a+4)$ 〕4でくくる

$\quad =4(a^2-2a+1-2a^2+8a-4)$

$\quad =4(-a^2+6a-3)$

$D>0$ より, $-a^2+6a-3>0$

両辺に -1 をかけて, ← 不等号の向きが変わる!

$\quad a^2-6a+3<0$

$a^2-6a+3=0$ を解くと,

$a=\dfrac{6\pm\sqrt{(-6)^2-4\cdot 1\cdot 3}}{2}$ ← ルートの中は $36-12=24$ $\sqrt{24}=2\sqrt{6}$

$\quad =\dfrac{6\pm 2\sqrt{6}}{2}=3\pm\sqrt{6}$

よって, $3-\sqrt{6}<a<3+\sqrt{6}$

よって, エ=3 オ=6 …(答)

上の解答の途中で, $a^2-6a+3<0$ という式になったが, これは前ページで説明した「頂点の y 座標 <0」で導いた式と同一である。結局, どちらで解いても同じになる(計算がラクでミスが少ないのは「頂点の y 座標 <0」)。

必ずグラフを描いてから条件を定める

最後は、2つの交点が「ともに x 軸の負の部分にある」条件を考える。グラフ G は、下に凸の放物線になることに注意して、「2つの交点がともに x 軸の負の部分にあるグラフ」を描いてみよう。解答例を示そう。

グラフ G と x 軸の 2つの交点がともに x 軸の負の部分にあるのは、次の〔Ⅰ〕〜〔Ⅲ〕が同時に成り立つときである。

〔Ⅰ〕 $D>0$ より，
$3-\sqrt{6}<a<3+\sqrt{6}$ ……①
　　→前問をそのまま利用する

〔Ⅱ〕 グラフ G の軸 $x=a-1<0$ より
$a<1$ ……②

〔Ⅲ〕 グラフ G の y 切片 >0 より，
$2a^2-8a+4>0$
$a^2-4a+2>0$ ─ 両辺を2で割る

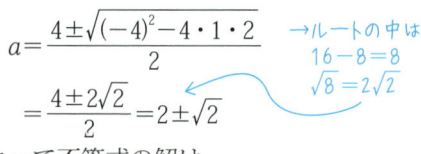

$a^2-4a+2=0$ を解いて，
$a=\dfrac{4\pm\sqrt{(-4)^2-4\cdot1\cdot2}}{2}$
　　→ルートの中は $16-8=8$
　　$\sqrt{8}=2\sqrt{2}$
$=\dfrac{4\pm2\sqrt{2}}{2}=2\pm\sqrt{2}$

よって不等式の解は
$a<2-\sqrt{2},\ 2+\sqrt{2}<a$ ……③

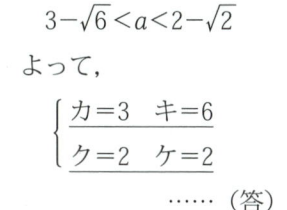

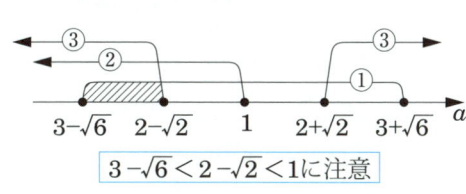

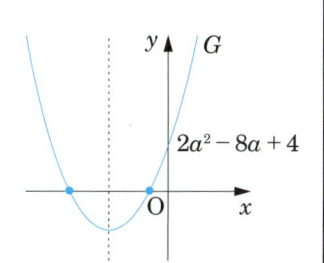

①，②，③の共通範囲を求めて，
$3-\sqrt{6}<a<2-\sqrt{2}$

よって，
$\begin{cases} カ=3\quad キ=6 \\ ク=2\quad ケ=2 \end{cases}$
　　……（答）

$3-\sqrt{6}<2-\sqrt{2}<1$ に注意

▶ 解答のポイントを振り返る

この問題のポイントを振り返っておこう。

まず頂点の座標を求めるために、与えられた2次式を平方完成する。このとき、あとで使うことになる放物線の軸 ($x=a-1$) と y 切片 ($2a^2-8a+4$) は目立つようにメモ書きしておくとよい。ちなみに、y 切片は平方完成する前の式である $y=x^2-2(a-1)x+2a^2-8a+4$ に $x=0$ を代入して求めるのが早い。

次にグラフGが x 軸と異なる2点で交わる a の値の範囲は、

①頂点の y 座標 ＜0

②2次方程式の判別式 $D>0$

のどちらかで求める。せっかく頂点の座標を求めたので、これを利用する①を使いたいが（そのほうが計算がラク）、いまの段階では②でもかまわない。

「2つの交点がともに x 軸の負の部分にある」条件は、前節で解いた章末問題の知識をそのまま適用できる。その際に必要な「$D>0$」の条件は、前問の解答を利用できる（出題者がそのように誘導しているということ）。

3つの条件が出たら数直線で共通範囲を求めるが、このときのポイントは、$2-\sqrt{2}$、$3-\sqrt{6}$、1の大小関係を見定めることだ。

$\sqrt{2}≒1.41$、$\sqrt{6}≒2.45$ を覚えていれば、引き算で概数を出して比較するのが泥臭いが一番確実である。

完答できた人は大いに自信を持とう。間違えた人も落胆することはなく、自力で完答できるまで何回も解き直そう。この粘りが大切だ。

▶ 「教科書レベル」を再評価しよう！

さて、この章は「問題集」の解説のようになっているが、「2次関数」の勉強をしてもらうために書いているわけではない。

ここで一番言いたいのは、教科書の例題や章末問題を攻略して知識を積み上げれば、少なくとも「入試基本レベルの問題を解く力」がつくということだ。入試標準レベルでも、頻出・典型問題なら完答できる可能性は十分にある。

予備校系の模試では、入試基本レベルの問題を確実に解ければ偏差値50を超え、さらに標準レベルの問題の半分を解ければ偏差値60近くまで伸びる。そこから上を狙うには受験用の参考書で問題をバリバリと解く必要があるとはいえ、教科書の知識だけでも、偏差値60に手が届く実力をつけられるのだ。

「教科書では入試に対応できない」と思っていた人は、ここで考え方を改めよう。すべての基本は教科書に詰まっている。そして、基本知識を応用・発展させる道筋も示してくれる。授業と合わせて活用しない手はない！

▶ 「解く達成感」を体験してもらうために

最後にもう1題、1レベル上の実力問題にチャレンジしてほしい。間違えても気にすることはない。自力で解けるまで何度でも挑戦して「解く達成感」を味わおう！（解答例は次ページ）

《実力問題2》

a, b を定数として2次関数 $y=-x^2+(2a+4)x+b$ ……①について考える。関数①のグラフ G の頂点の座標は、$(a+\boxed{ア}, a^2+\boxed{イ}a+b+\boxed{ウ})$ である。以下、この頂点が直線 $y=-4x-1$ 上にあるとする。このとき、

$$b=-a^2-\boxed{エ}a-\boxed{オカ}$$

である。

(1) グラフ G が x 軸と異なる2点で交わるような a の値の範囲は

$$a<\dfrac{\boxed{キク}}{\boxed{ケ}}$$

である。また、G が x 軸の正の部分と負の部分の両方で交わるような a の値の範囲は

$$-\boxed{コ}-\sqrt{\boxed{サ}}<a<-\boxed{コ}+\sqrt{\boxed{サ}}$$

である。

（センター試験　数学Ⅰ・Aより）

解答例

$y=-x^2+(2a+4)x+b$ を平方完成する。

$y=-\{x^2-2(a+2)x\}+b$
$=-\{\{x-(a+2)\}^2-(a+2)^2\}+b$
$=-\{x-(a+2)\}^2+(a+2)^2+b$
$=-\{x-(a+2)\}^2+a^2+4a+b+4$

よって，グラフ G の頂点の座標は，

$(a+2,\ a^2+4a+b+4)$　　　ア＝2　イ＝4　ウ＝4　……（答）

グラフ G の頂点が直線 $y=-4x-1$ 上にあるとき，

$a^2+4a+b+4=-4(a+2)-1$

が成り立つ。これより，

$b=-4a-8-1-a^2-4a-4$
$=-a^2-8a-13$　　　エ＝8　オカ＝13　……（答）

(1) グラフ G が x 軸と異なる 2 点で交わるのは，$-x^2+(2a+4)x+b=0$ の判別式を D とすると，$D>0$ のときである。

$D=(2a+4)^2-4\cdot(-1)\cdot b$
$=(2a+4)^2+4b$

これに $b=-a^2-8a-13$ を代入して整理すると，

$D=4a^2+16a+16+4(-a^2-8a-13)$
$=-16a-36$

$D>0$ より，

$-16a-36>0$
$-16a>36$

両辺を -16 で割って，

$a<-\dfrac{9}{4}$　　　キク＝-9　ケ＝4　……（答）

グラフ G は上に凸の放物線で，x 軸の正の部分と負の部分の両方で交わるのは，グラフ G と y 軸の交点の y 座標が正のときである。

$y = -x^2 + (2a+4)x + b$ ← $b = -a^2 - 8a - 13$ を代入
$\quad = -x^2 + (2a+4)x - a^2 - 8a - 13$

に $x = 0$ を代入すると，

$y = -a^2 - 8a - 13$ → G と y 軸との交点の y 座標(y 切片)

$-a^2 - 8a - 13 > 0$ を解く。

両辺に -1 をかけて， ← 不等号の向きが変わる
$a^2 + 8a + 13 < 0$

$a^2 + 8a + 13 = 0$ を解くと，

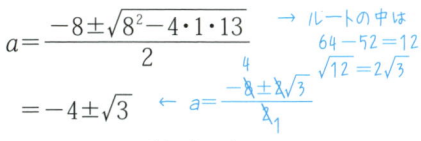

$a = \dfrac{-8 \pm \sqrt{8^2 - 4 \cdot 1 \cdot 13}}{2}$ → ルートの中は $64 - 52 = 12$，$\sqrt{12} = 2\sqrt{3}$

$\quad = -4 \pm \sqrt{3}$ ← $a = \dfrac{-8 \pm 2\sqrt{3}}{2}$

よって，この不等式の解は

$-4 - \sqrt{3} < a < -4 + \sqrt{3}$ 　コ＝4　サ＝3 ……（答）

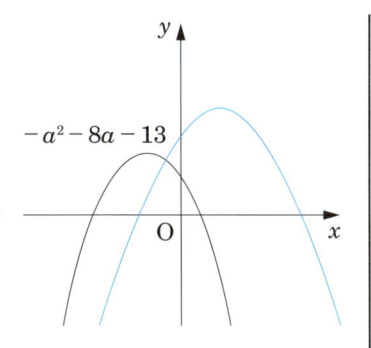

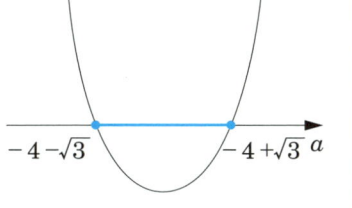

GUIDE 23 のまとめ

1. チャレンジする姿勢が「応用力」をつける！
2. 「教科書レベル」の知識でも偏差値60に届く！
3. 授業と教科書をフルに活用して、新たなステップに踏み出そう！

第6章

遅れた分を取り戻そう！

短期集中のリカバリープラン

GUIDE 24 遅れを挽回する方法

自学自習で授業に追いつこう！

数学Ⅰ・Aをやり直す

▶ 授業に遅れた人がすべきこと

「授業に置いていかれて、いま習っていることが全然理解できない」という人は、この先、いくら真面目にやっても授業に追いつけない可能性が高い。

なぜかと言うと、数学は、以前に習った知識を前提として、その上に新しい知識を築いていく典型的な"積み上げ型"の教科だからだ。

たとえば「2次方程式の解」や「2次関数のグラフ」を積み残したまま先に進むと、下のような「2次不等式」の例題の解答が理解できなくなる。

では、どうすればよいか。数学Ⅰの最初から順番に勉強をやり直して、"残してきた穴"を一気に埋めてしまうのが確実で手っとり早い。

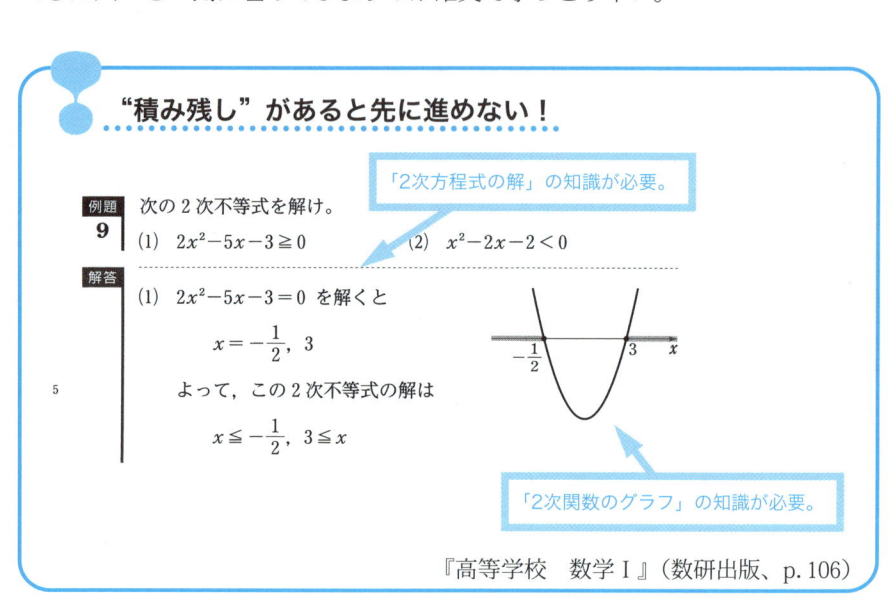

"積み残し"があると先に進めない！

例題 9 次の2次不等式を解け。
(1) $2x^2-5x-3 \geqq 0$ (2) $x^2-2x-2 < 0$

→「2次方程式の解」の知識が必要。

解答
(1) $2x^2-5x-3=0$ を解くと
$$x=-\frac{1}{2},\ 3$$
よって、この2次不等式の解は
$$x \leqq -\frac{1}{2},\ 3 \leqq x$$

→「2次関数のグラフ」の知識が必要。

『高等学校　数学Ⅰ』（数研出版、p.106）

▶ "過去の穴"は自学自習で埋めていく

　通常、学校では、授業についていけなくなった生徒をフォローするシステムが整っていない。わからない生徒のために、マンツーマンで勉強を教え直してくれる教師がいればよいのだが……。

　授業についていけなくなると、「塾に通えばなんとかなるだろう」と楽観的に考える人も少なくない。しかし、"積み残し"がある状態で塾に通っても、それが原因で勉強がうまく進まない。

　結局は、自分で復習して"過去の穴"を埋めるしかない。むしろ、そのほうが自分のペースで取り組めるし、「積み残しの清算」という明確な目標が見えているので、効率よく復習を進めることができる。

　そもそも、授業に追いつくためにやるべきことはそれほど多くない。この章では、数学Ⅰ・Ａのすべての範囲をわずか２か月で一気に復習するプランと勉強法のポイントを示していこう。

▶ 自学自習に適した参考書の選択

　自学自習で"過去の穴"を埋めて授業に追いつくには、「教科書レベルの解法の理解と定着」を目的とした参考書を使いたい。

　このレベルの参考書はたくさん出版されているが、その中でもお勧めしたいのが『初めから始める数学』シリーズ（マセマ出版、数学Ⅰ、Ａの２分冊、以下『初めから数学』で略）だ。

　扱う内容は教科書レベルで、教科書の導入と問題の解答部分を「かゆいところに手が届く」ほど丁寧かつ詳しく説明してくれるのが特長だ。

　授業に遅れてしまった人は、ちょっとしたことでも「どうしてそうなるのか」が理解できず、それが積もり積もって現在にいたっている。過去の範囲を復習するには、このような「理解重視型」の参考書の使用が効果的だ。

解説が充実している分、本を開くと文字がびっしり並んでいて「読むのに時間がかかりそう」と思うかもしれない。しかし、会話調でわかりやすく書かれているので、実際に読んでみると、思ったほどではない。

▶ 「授業に遅れた原因」を突き止めよう！

　自学自習に適した参考書を使っても、勉強方法に問題があると効果が出ない。ちょっと厳しい言い方になるが、そもそも授業に遅れてしまったのは、自分の勉強法にまずい点があったと考えるのが合理的である。

　過去に自分がやってきた勉強法のどこがまずかったのかを考え、今回はそこを改善して取り組まないと、また同じ失敗をくり返すことになる。

　そこで、まずは自分のそれまでの勉強法を振り返ってみて、どこがまずかったのかの原因を突き止めよう。そして、どう改善すればよいのかを考え、実践してほしい（次ページ参照）。4章のGUIDE15（88～91ページ）でお話ししたことも合わせて考えてみよう。

▶ わからないことは堂々と教師に聞こう！

　『初めから数学』の解説はかなり親切で詳しいので、じっくり考えながら読めば、たいていのことは理解できるだろう。ただ、それでもわからないことが出てくるかもしれない。

　そういうときは、ためらわずに教師に質問しよう。授業で使っていない参考書を持っていって質問するのは気が引けるかもしれない。しかし、いまの自分の状況を説明し、「この参考書で復習して授業に追いつきたい」という熱意を見せれば、教師も快く質問に答えてくれるはずだ。

　それでも教師がイヤな顔をするなら、別の数学の教師、あるいは物理や化学など理科系の教師に質問してみよう。数学の教師は"理屈重視派"が多いので、易しいことでも難しく説明する傾向がある。むしろ理科の先生のほうが、わかりやすく教えてくれるかもしれない。

授業に遅れた原因と改善策の例

- **ケース1** ほとんど勉強していなかった。
- **改善策** 毎日一定時間勉強する習慣を確立する。
- **ケース2** 復習が足りていなかった。
- **改善策** 復習も組み込んだ学習スケジュールを組む。
- **ケース3** 問題演習が不足していた。
- **改善策** 問題演習中心の勉強に切り換える。
- **ケース4** いろいろな教材に手を出し、どれも中途半端で終わっていた。
- **改善策** 1冊の教材を確実に仕上げてから次の教材に移る。
- **ケース5** 教師がレベルの高いことばかり教えようとする。
- **改善策** 自学自習に切り換え、疑問点は友人や他の教師に聞く。

GUIDE 24 のまとめ

1. 数学は、"過去の積み残し"があると前に進めない。
2. 最初から順番に、網羅的に復習するのが一番確実！
3. 2か月間の自学自習で授業に追いつくことができる！

GUIDE 25 参考書を使いこなす

2か月で授業に追いつく独習プラン

復習期間を十分に確保する

▶ 参考書の構成を理解しておく

『初めから数学』は、基本的には教科書と同じ構成である。最初に公式や定理などを説明する導入があり、導入で学んだことを使って解く「例題」、さらに「例題」の類題やその応用を扱う「練習問題」で構成される。

ちなみに、「例題」は教科書のようにハッキリと「例」や「例題」と表記されていない。下のように(a)、(b)、(c)…のアルファベットに続く太い文字で書かれているのが「例題」である。

> 例題 れに対応して、2次方程式の解が判別されるんだね。
> それでは、次の例題で判別式 D を使って2次方程式の解を判別してごらん。
> (e) 2次方程式 $2x^2 - 3x - 1 = 0$ の解を判別してみよう。
>   ⓐ   ⓑ   ⓒ
> 判別式 $D = b^2 - 4ac = (-3)^2 - 4 \cdot 2 \cdot (-1) = 9 + 8 = 17 > 0$
>
> 『初めから始める数学Ⅰ』(マセマ、p.112)

▶ 復習重視の60日間攻略プラン

『初めから数学』シリーズは、「数学Ⅰ」が5章・全17節、「数学A」が3章・全14節で構成されている（節の順番に1st day、2nd day、3rd day…と表記）。これを「1日1節」のペースで進めていく。

1章分を終えたら、その章を終えるのに要した日数のほぼ半分を「章末復習」

にあてる。

　この進め方で、『初めからの数学』の数学Ⅰと数学Aを60日間で攻略するプラン例を下に掲載した。

　復習期間をしっかり確保して、短期間で確実に知識を定着させるのが狙いだ。

◎『初めから始める数学』シリーズ・60日間攻略プラン

	第1章　数と式（数学Ⅰ）		第5章　データの分析（数学Ⅰ）
1日目	1st day 指数法則、乗法（因数分解）公式（Ⅰ）	24日目	16th day データの整理と分析
2日目	2nd day 乗法（因数分解）公式（Ⅱ）	25日目	17th day データの相関
3日目	3rd day 実数の分類、根号・絶対値の計算	26日目	章末復習
4日目	4th day 1次方程式・1次不等式		第1章　場合の数と確率（数学A）
5日目	章末復習	27日目	1st day 和の法則と積の法則
6日目		28日目	2nd day さまざまな順列の数
	第2章　集合と論理（数学Ⅰ）	29日目	3rd day 組合わせの数 $_nC_r$ とその応用
7日目	5th day 集合の基本、ド・モルガンの法則	30日目	4th day 確率の基本
8日目	6th day 命題と必要条件・十分条件	31日目	5th day 独立な試行の確率と反復試行の確率
9日目	7th day 命題の逆・裏・対偶、背理法	32日目	6th day 条件付き確率
10日目	章末復習	33日目	章末復習
11日目		34日目	
	第3章　2次関数（数学Ⅰ）	35日目	
12日目	8th day 2次方程式		第2章　整数の性質（数学A）
13日目	9th day 2次関数と最大・最小問題	36日目	7th day 約数と倍数
14日目	10th day 2次関数と2次方程式	37日目	8th day ユークリッドの互除法と不定方程式
15日目	11th day 2次不等式、分数不等式	38日目	9th day n進法と合同式
16日目	章末復習	39日目	復習
17日目			第3章　図形の性質（数学A）
	第4章　図形と計量（数学Ⅰ）	40日目	10th day 同位角・錯角、中点連結の定理
18日目	12th day 三角比の定義と性質	41日目	11th day 三角形の五心、チェバ・メネラウスの定理
19日目	13th day 三角比の拡張、三角比の公式	42日目	12th day 円の性質
20日目	14th day 正弦定理と余弦定理	43日目	13th day 作図
21日目	15th day 三角比の空間図形への応用	44日目	14th day 空間図形
22日目	章末復習	45日目	章末復習
23日目		46日目	
		47日目	

●48〜53日目は計画が遅れた場合の予備日　　●54〜60日目は総復習（1週間）

▶ 『初めから数学』の独習法ポイント

　60日間の攻略プランでは、数学Ⅰ・Aのすべてを順番に復習していく。勉強時間は、現時点のレベルによって個人差はあるが、1日2～3時間は確保しておきたい（場合によっては延長も辞さずの覚悟で）。

　以下、『初めから数学』による自学自習の進め方と、勉強法のポイントを説明していきたい。

●STEP 1● 導入と例題を"セット"で理解する

　この本の導入は、身近な話題や具体例を盛り込みながら説明してくれるので、読んでいてイメージがつかみやすい。

● **命題って，何⁉**

　まず，論理的な考え方の基礎となる"**命題**"について解説しよう。たとえば，"このカレーはおいしい。"とか，"あの人は美しい。"とか，日頃ボク達はさまざまな会話をしているね。でも，これらの文章は，客観的に見て正しいかどうかを判断できないだろう。

　"このカレー"を食べて，A 君はおいしいと思っても，B さんはいまいちって思うかも知れない。また，"あの人"が美しいかどうかも人によって判断が分かれるからね。

　このように，正しいか，間違っているのか，客観的に判断できないような文章は命題とは言わないんだ。ここで，数学用語として

　　　$\begin{cases} \text{・"正しい"ということを"}\textbf{真}\text{"といい，} \\ \text{・"間違っている"ということを"}\textbf{偽}\text{"というんだよ。} \end{cases}$

> 導入は，身近な例などを用いて，教科書よりもかなりわかりやすく，親切に説明されている。

　　　　　　　　　　　　　　　『初めから始める数学Ⅰ』（マセマ、P.84）

　ただ、いくら説明が丁寧でも、公式や定理などを説明する場面はどうしても抽象的でわかりにくいだろう。こういうときは、2章でもお話ししたように、「抽象的な導入」とそのあとの「具体的な例題」を"往復"しながら、両者をセットにして理解するように心がける（48～49ページ参照）。

● STEP 2 ● 「例題」の解答を理解したら自力で解き直す

　導入のあとの「例題」は、最初から答えを読んでもかまわない。ただし、解き方を理解したら、解答を見ないで自力で解けるかどうかをかならずチェックしよう。これも教科書例題の復習法と同じだ（66ページ参照）。

　この本の「例題」は、「問題」と「解答」が完全に分離していないので、問題部分にラインマーカーを引いて目立つようにしておくと、あとで復習がしやすい。紙面は赤と黒の二色刷りなので、青系統のラインマーカーがお勧めだ。

　例題はたいてい１〜２行の短い問題なので、自分で解くときは、問題をそのままノートに写してしまうとよい。こうすれば、本の解答が目に入らず、ノーヒントで解けるかどうかを厳密にチェックできる。

　２〜３分考えてもわからないときや、途中で行き詰まったときは、本の解説を読み直してからもう一度チャレンジする。ノーヒントで解けるようになるまで何回も解き直しをすることが大切だ。

　なお、ある程度まとまった範囲を読んでから、その範囲に出てきた複数の例題をまとめて解き進めていくやり方をしてもかまわない。

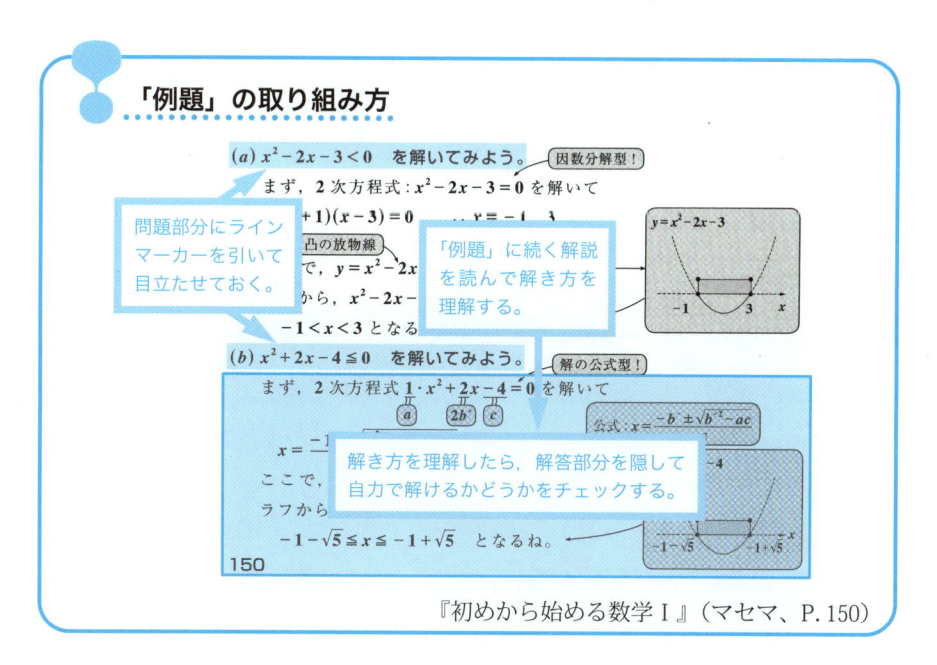

「例題」の取り組み方

(a) $x^2 - 2x - 3 < 0$ を解いてみよう。　因数分解型！

まず，２次方程式： $x^2 - 2x - 3 = 0$ を解いて
$(x+1)(x-3) = 0$ ∴ $x = -1, 3$

凸の放物線
で，$y = x^2 - 2x$
から，$x^2 - 2x$
$-1 < x < 3$ となる

$y = x^2 - 2x - 3$

問題部分にラインマーカーを引いて目立たせておく。

「例題」に続く解説を読んで解き方を理解する。

(b) $x^2 + 2x - 4 \leqq 0$ を解いてみよう。　解の公式型！

まず，２次方程式 $1 \cdot x^2 + 2x - 4 = 0$ を解いて
　　　　　　　　$\underbrace{}_{a} \underbrace{}_{2b'} \underbrace{}_{c}$
　　　　　　　　　　　　　　　　公式： $x = \dfrac{-b' \pm \sqrt{b'^2 - ac}}{a}$

$x = -1$
ここで，
ラフから
$-1 - \sqrt{5} \leqq x \leqq -1 + \sqrt{5}$ となるね。

解き方を理解したら，解答部分を隠して自力で解けるかどうかをチェックする。

$-1-\sqrt{5}$ 　$-1+\sqrt{5}$

150

『初めから始める数学Ⅰ』（マセマ、P.150）

● STEP 3 ● 「練習問題」にチャレンジする

『初めから数学』の「練習問題」は、「例題」にくらべてやや難しい。したがって、「例題」を確実に理解したうえで「練習問題」に進む。

「練習問題」に取り組むときは、問題の解説を先に読まず、力試しのつもりで自力でチャレンジしよう。

5分考えてもわからないとき、あるいは途中で手が止まってこれ以上解けそうにないときは、解説をじっくり読んで理解してから、もう一度自力で解き直しをする。

解説を読むときは、漠然と読み流すのではなく、手もしっかり動かそう。たとえば、グラフが出てきたらそれを自分の手で描いてみる。式変形や計算部分も、目で追うだけでなく、かならず自分の手でやってみる。手を動かすことで理解が深まり、自力での解き直しもよりスムーズに進む。

> 「練習問題」の取り組み方
>
> ・ヒントの部分は、最初は隠して自分で方針を考える。
> ・糸口が見つからないときは、ヒントを読む。
> ・5分考えてもわからないとき、途中で行き詰まったときは、解説を読んで理解してからもう一度チャレンジする。

▶ 解答の書き方は、教科書の模範解答を参考に！

この本の「例題」や「練習問題」の解答は、「語り口調による解説」に終始しているため、模範的な答案例にはならない。そこで、自分で解答を書くときは、教科書例題の解答をお手本にする。

『初めから数学』シリーズは教科書を研究して作られているので、同じような例題が教科書にもたいてい載っている。それを探し、解答をマネして書くように心がけよう。

『初めから数学』の勉強法フローチャート

❶ 導入と例題を"セット"で理解する
　＊導入がよく理解できなくても例題に進む。
　＊例題の説明を理解したら導入に戻って内容理解に努める。

❷ 「例題」の解答を理解したら自力で解き直す
　＊解き方の説明を読む。
　＊問題部分だけを見て自力で解けるようにする。

❸ 「練習問題」にチャレンジする
　＊5分考えてわからなければ解答部分を読む。
　＊問題部分だけを見て自力で解けるようにする。

GUIDE 25のまとめ

1. 抽象的な導入は「具体的な例題」と合わせて理解する。
2. 例題と練習問題は、自力で解けるまで粘り強く取り組む。
3. 解答の書き方は教科書の「模範解答」をお手本に！

GUIDE 26　復習の徹底

すべての問題を自力で解けるまで！

復習の実践法とポイント

▶ 難しい単元は復習日を増やして対応する

『初めから数学』を「1日1節」のペースで進めていくと、予想以上にスイスイ進む日もあれば、やたらに時間がかかって大変な日もある。特に章の後半になると、入試レベルに近い「練習問題」がよく出てくるので、解答を理解するだけでも精一杯ということがあるかもしれない。

145ページに掲載した「60日間攻略プラン」は、あくまでも目安と考え、状況によって柔軟に変更してかまわない。そのために「予備日」を6日間用意しているので、難しい単元は「章末復習」を増やすことで対応しよう。

大切なのは、「例題」と「練習問題」を自力で確実に解けるようになってから、次の範囲に進むことである。中途半端な理解のまま先に進んでも、結局それが"積み残し"となって、新しい範囲の勉強が効率的に進まない。

▶ 手こずった問題は「就寝前復習」で解き直す

その日に取り組んだ範囲の問題は、「就寝前復習」（100ページ参照）でざっと見直しておこう。調子よく進んだ日は、それほど時間がかからないだろう。

ただし、難しい単元で苦労した日は、特に手こずった「練習問題」をもう一度自力で解いておきたい。あまり時間をかけられないので、このときの答案は、教科書の模範解答のようにキッチリ書く必要はなく、自分が見てわかる程度の"なぐり書き"でかまわない。

どうしても手が回らない問題は、「解かずに復習」（100〜101ページ参照）で解答の流れを口で説明できるようにしておく。

▶ 「翌日復習」で前日の問題を解き直す

「翌日復習」では、前日取り組んだ範囲の「例題」と「練習問題」について、ノーヒントで解けるかどうかをチェックする。その日に進む範囲の勉強もしなければならないので、できるだけ効率的に進めていきたい。

家に帰ってから取り組むだけでなく、ムダな授業での内職も含め、昼休みや放課後などの時間を徹底的に活用しよう。「翌日復習」を家の外ですませ、帰宅してから「その日の勉強」に取り組む習慣をつけるのもよい。

ただし、雑なやり方をすると、あとで苦労することになる。前日にノーヒントで解けた問題は「これは大丈夫だろう」とパスしたくなるが、短期間で大量の詰め込みをする勉強では、大丈夫だと思っても記憶からスッと抜けてしまうことがある。念には念を入れて解き直しておこう。

解き直しをして間違えた問題や、途中でわからなくなった問題には×印をつけ、もう一度解説を読んで**解き方を理解してから再度チャレンジする**。すべてノーヒントで解けてから、その日の範囲の勉強に移る。

▶ 「章末復習」でその章の問題をすべて解く

1章分を終えてからの「章末復習」では、その章で取り組んだすべての「例題」と「練習問題」を順番に解いていく。

大変に思うかもしれないが、「就寝前復習」と「翌日復習」での解き直しがしっかりできていれば、簡単な例題なら1問1分以内、多少骨がある「練習問題」でも5〜10分程度で解けるようになっているはずなので、集中力を発揮してテキパキと取り組んでほしい。

「章末復習」で間違えた問題（計算ミスも含む）や、解けなかった問題についても×印をつけておく。そのうえで、「なぜ間違えたのか」「なぜ行き詰まったのか」を、解説を読んで解明してから解き直しをする。

このときは教科書の模範解答を手本に「人が読んでわかる」ような答案を心がける。解答の流れが整理されて頭に残りやすくなるからだ。

▶ 「総復習」は×印の問題を優先的に解く

　最後に設定した1週間の「総復習」(145ページのプラン例では54～60日目)では、「章末復習」で×印がついた「例題」と「練習問題」について、順番に解き直していく。

　ノーヒントで解けた問題は〇印、また間違えてしまった問題には×印をつけ、ここで×印がついた問題は、解説をじっくり読んでから解き直しをする。このくり返しにより、最終的にすべての問題をノーヒントで正解できるようにしてほしい。

　余裕があれば他の問題も解き直すが、おそらくすべての問題に取り組む時間はないだろう。そこで、まだ不安が残る項目に絞って復習をする。

　各章の最終ページに、その章の重要事項をまとめた「公式エッセンス」が載っているので、ここをチェックしながら「ちょっと不安」「忘れているかもしれない」と思った項目に戻って本文を読み、「例題」や「練習問題」を解き直す。

▶ すべて攻略したら「受験勉強」に入れる！

　『初めから数学』シリーズで数学Ⅰ・A範囲をすべて攻略すると、授業の遅れを解消できるだけでなく、まだ習っていない範囲の「予習」もすませてしまうことになるので、かなり有利な立場を築くことができる。

　もちろん、授業で習っている範囲までを攻略しておくのでもよく、傷が浅ければ2～3週間で授業に追いつくことも可能だ。

　「数学Ⅰ」だけならほぼ1か月で攻略できるので、夏休みを利用して数学Ⅰの範囲を一気に攻略してしまうのも手だ。これで夏休み明けからの授業にも余裕を持って対応できる。

　高2生や高3生で、教科書レベルの知識に抜けがあるために受験勉強が効率よく進まない人も、『初めから数学』シリーズを活用してほしい(「数学Ⅱ」「数学B」もある)。

　このシリーズの「例題」と「練習問題」を自力で解けるようになれば、難関大

『初めから数学』の復習フローチャート

❶ 「就寝前復習」…その日の範囲の復習

＊手こずった問題を解き直す。

❷ 「翌日復習」…前日の範囲の復習

＊前日の範囲の問題をすべて解く。

❸ 「章末復習」…１章分を終えたあとの復習

＊その章のすべての問題を解く。
＊ノーヒントで解けるまで復習する。

❹ 「総復習」…全範囲を終えたあとの復習

＊章末復習で間違えた問題を優先的に解く。

学向けの『チャート式基礎からの数学』シリーズ（数研出版、通称「青チャート」）に入れる基礎力がつく。

GUIDE 26のまとめ

1. 就寝前・翌日・章末・「総復習」の"復習バリア"を設定！
2. すべての「例題」と「練習問題」をノーヒントで解けるように！
3. 『初めから数学』を攻略すれば、
本格的な「受験勉強」に入れる。

GUIDE 27 中学数学の総復習

中学時代の"積み残し"を清算する

開き直って1からスタート

▶ 『初めから数学』が難しすぎる人へ

　『初めから数学』は、わかりやすい解説がモットーの良書で、中学数学の範囲もある程度カバーしている。ただ、それでも思うように進まない人が出てくるかもしれない（1日5時間以上かかるなど）。原因としては、中学レベルの知識に大きな抜けがあることが考えられる。

　特に数学Ⅰの「数と式」（1章）を読んで理解できない部分が多く、自力で解けない例題が続出するようなら、いったんストップして中学数学の総復習をしてから再開するほうが賢明だ。結果的には時間の節約につながる。

　『初めから数学』での勉強が効率よく進まない原因が、中学数学の"積み残し"にあると感じた人は、思い切って中学レベルにまで戻って、中学時代に残してきた穴を埋めてしまうことを勧めたい。

▶ 中学3年間の数学を2か月で復習する

　中学数学の復習に使う参考書は、『やさしくまるごと中学数学』（学研）を勧めたい。小学校で習う算数のうち重要な事柄もカバーしていたり、イラストが多用されていたりと、数学が苦手な人でも取り組みやすいように工夫されている（動画による配信授業も活用できる）。

　中学3年間で習う内容が全31レッスンに収められていて、「1日1レッスン」のペースで進め

ると1か月で終わる。ただ、このペースだと、ほぼ「流し読み」で終わる恐れがあるので、復習期間をたっぷりとって、2か月前後で終える計画を立てておこう。

「例題」と「力だめし」の自力解答が目標

　各レッスンの構成は「おさらいテスト」から入り、いくつかの項目について「導入→例題→Check」をくり返したあと、レッスンの最後にまとめの問題（「力だめし」）が収録されている。

　基本的な取り組み方は、『初めから数学』とほぼ同じと考えてよい。解説を読みながら内容を理解したあとは、「例題」「Check」「力だめし」を自力で解けるまで何回でも解き直す。解答や解説もかなり親切なので、間違えた原因を突き止めやすい。

　実際にやってみると、「忘れていること」「初めて知ること」が意外に多いことに驚くかもしれない。しかし、中学数学のそうした部分が、高校数学の勉強の障害になっているケースが多いので、謙虚な気持ちで取り組もう。

GUIDE 27のまとめ

1. 『初めから数学』で苦戦する人は、中学レベルが怪しい。
2. 中学3年間分の復習を2か月で終える計画を立てよう。
3. 中学レベルだからと腐らず、謙虚な気持ちで取り組もう！

GUIDE 28　経験者の実用情報

「つまずきやすい箇所」の克服法

数学Ⅰ・Aの単元別攻略ポイント

▶ 誰もがつまずきやすい項目を乗り越える

　数学の勉強で苦労した人に話を聞くと、「ココは手こずった」「アレは仕方なく丸暗記で対応した」など、皆が同じようなところで苦戦してきたことがわかる。おそらくキミたちも同じだろう。

　そこで、高校時代に数学が苦手だった大学生に、数学Ⅰ・Aの範囲に限定して「戸惑った箇所とその対処法」の聞き取り調査をした。最後に「先輩たちからのアドバイス」として単元別にまとめておこう。

数学Ⅰ　式の計算　用語暗記を重視しすぎない！

　「式の計算」は、高校数学全般で必要とされる計算力の土台を築く単元だ。ここで"積み残し"があると、今後の勉強が効率よく進まない。

　「単項式」「次数」「同類項」「定数項」などの用語が覚えにくいために、いきなり数学アレルギーになってしまう人もいる。対処法としては、丸暗記しようとせず、「**例題を解きながら、用語の意味をそのつど確認する**」くらいの感じで取り組めば問題はない（実際、それほど重要ではない用語も多い）。

　ただし、「実数」「有理数」「無理数」については、意味（定義）を理解したうえで丸暗記してしまおう。「$\sqrt{2}$ が無理数である」ことの証明（背理法）や2次方程式の「実数解」などの理解に必要だからだ。

数学Ⅰ　集合と命題　"視覚的理解"の助けを借りる

　この単元は、「ド・モルガンの法則」「必要条件と十分条件」「対偶」「背理法」などの概念を理解するのに手こずる人がかなり多い。

「ド・モルガンの法則」は、そのまま丸暗記しようとすると混乱する。例題を解くときに描いたベン図を見ながら、法則の成立を図で確認する作業をくり返すうちに自然に覚えられる。

「必要条件と十分条件」についても、「含む・含まれるの関係」や「ベン図」など、視覚的な理解を活用するのが攻略のカギを握る。2章のGUIDE 6～8（38～53ページ）で詳しく解説したので参考にしてほしい。

「背理法」はいますぐ役立つというより、本格的な受験勉強を始めて「証明問題」に出会ったときに必要になる。完全に理解できなくても、とりあえず証明手順を暗記すれば、定期テストくらいは乗り切れる。

数学Ⅰ　2次関数　得意単元にできれば強い！

2次関数のグラフを正しく描けるようにすることが、この単元を理解する前提条件となる。2次式を平方完成して放物線の軸と頂点、y切片の値を求めてグラフを描く練習を飽きるほどやっておこう。平方完成はaやbなどの文字が入ってくると急に難しく感じるだろうが、基本的な変形手順は同じなので、数をこなして慣れるしかない。

ちなみに、2次方程式 $ax^2+2b'x+c=0$（xの係数が偶数）の"簡略公式"、

$$x=\frac{-b'\pm\sqrt{b'^2-ac}}{a}$$

は、無理して覚えなくてもよい。"本公式"との違いが紛らわしく、うっかり混同してミスをする危険がある。公式を使い分ける自信がない人は、どんな2次方程式も"本公式"1本で解くと決めてしまうほうが賢明だ。

「2次関数」でヤマ場となるのは、「2次関数の最大・最小」と「2次方程式の解の存在範囲」（5章で解説した問題）だ。ここでつまずいて成績が伸び悩む人が多い。教師の説明がわかりにくいときは、『初めから数学』で該当範囲を理解しておくとよい。

どちらも、教科書の例題、節末問題、章末問題を自力で確実に解けるようにしておこう。模試でも頻出するので、ここで頑張って得意単元にできれば、確実に成績アップを見込める。

数学Ⅰ　図形と計量　冒頭の"試練"を乗り切ろう！

冒頭の「三角比の定義」からつまずきやすい（3章 GUIDE13参照）。ここでつまずくと、このあと控えている「三角比の拡張」「三角形への応用」（正弦定理、余弦定理など）の理解も厳しくなるので、とにかく最初が肝心だ。

「三角比の拡張」は、「$180°-\theta$の三角比」などの公式を丸暗記しようとせず、そのつど単位円（半径1の半円）を描いて、図を見ながら自力で導けるようにすると応用力がつく。

正弦定理と余弦定理は、授業で証明してみせるだろうが、これが難しいので"三角比アレルギー"になってしまう人も多い。しかし、これらの証明手順をあえて覚える必要はない。それよりも公式を暗記して、実際に公式を使って問題を解けるようにしておく。そのほうが、得点に直結するので実戦的だ。

数学Ⅰ　データの分析　「定義」を理解すれば難しくない

「度数分布表」「ヒストグラム」から始まり、「分散」「標準偏差」の理解へとつながっていく。用語の定義は「そういうものだ」と割り切って覚えるしかない。これまであまり馴染みのない内容なので、取っつきにくく感じるだろうが、内容自体は難しくないので、粘り強く取り組んでほしい。

数学A　場合の数と確率　公式暗記よりも"現場対応力"が大切！

「円順列」「重複順列」「同じものを含む順列」「独立な試行の確率」「反復試行の確率」など、違った条件のもとでの公式がたくさん出てくるが、これらの公式をただ丸暗記するだけでは問題に対応できない。

それよりも、樹形図を描いてその場で数え上げる力、与えられた条件を図や表にして整理する力をつけることが大切だ。教科書の導入や例題の説明はシンプルすぎてわかりにくいので、ここは教師がいかに上手に教えてくれるかにかかっている。

教師の説明がわかりにくいときは、『初めから数学』で独習したほうがむしろ効率的かもしれない。問題の数をこなして経験値を上げることが、実力アップの決め手になる。

数学A　図形の性質　中学の図形分野の理解が重要！

　中学数学の図形分野を拡張した内容で、中学時代に図形が苦手だった人は、ここでも苦労することになる。苦手意識がある人は、中学数学の図形分野を先に紹介した参考書（154ページ）で復習してから入るとよい。

　現行のセンター試験は、定理をしっかり暗記して演習を積んでおけば7〜8割は得点可能である（「方べきの定理」「メネラウスの定理」「チェバの定理」はほぼ必出）。数学が苦手な人は「整数の性質」より得点しやすく、数学Aの選択分野を「場合の数と確率」と「図形の性質」にすることを強く推奨する。

数学A　整数の性質　入試では難問に化ける単元

　捉えどころのない感じがするが、入試では難関大学が好んで出題する単元でもある。教科書で扱う問題は基本の範囲を超えないが、入試ではさまざまなパターンが存在し、いくらでも難しい問題が作れる。

　教科書で扱う問題のパターンは限られているので、まずは**授業で扱った問題を自力で解けるようにしておこう**。本格的な受験勉強に入ってから整数問題で苦労する人は多いが、高1生や高2生なら、いまのところあまり気にしなくてもよい。

　ちなみに数学が苦手な人は、前述したようにセンター試験では「整数の性質」を外し、「場合の数と確率」「図形の性質」を選択する戦術で勝負をかけたい。より短い対策期間で高い得点を狙えるからだ。

GUIDE 28のまとめ

1. つまずきやすい箇所はだいたい決まっている。
2. 単元ごとの"乗り越えポイント"を知っておこう！
3. 「先輩からのアドバイス」に耳を傾けよう！

著者 ● プロフィール

和田秀樹（わだ・ひでき）

1960年大阪生まれ。
灘中に入るが高1までは劣等生。
高2で要領受験術にめざめ、東大理Ⅲに現役合格。
独自の指導ノウハウをもとに、志望校別・通信指導「緑鐵受験指導ゼミナール」、
中高一貫専門塾「和田塾・緑鐵舎」を主宰。
磐城緑陰中学校・高等学校（福島）、共栄学園中学高等学校（東京）など、
全国各地の学校コンサルティングにも携わる。
精神分析（主に自己心理学）、集団精神療法学、老年精神医学を専門とする。
現在は国際医療福祉大学教授、一橋大学経済学部非常勤講師。
著書：『改訂版中学生の正しい勉強法』（瀬谷出版）
　　　『公立小中高から東大に入る本』（幻冬舎）
　　　『学力をつける100のメソッド』（ＰＨＰ研究所、陰山英男氏と共著）
　　　『和田式勉強のやる気をつくる本』（学研）
　　　『改訂版「絶対基礎力」をつける勉強法』（瀬谷出版）
　　　『伸びる！英語の勉強法』（瀬谷出版）
　　　など多数。

ホームページアドレス　http://hidekiwada.com
緑鐵受験指導ゼミナール　http://www.ryokutetsu.net

苦手でもあきらめない数学

2014年7月8日　初版第1刷発行
2016年11月29日　初版第2刷発行

著者　　和田秀樹
装丁・本文デザイン　諸星真名美
イラスト　西山桂太郎
発行者　瀬谷直子
発行所　瀬谷出版株式会社
　　　　〒102−0083　東京都千代田区麹町5−4
　　　　電話03−5211−5775　FAX03−5211−5322
　　　　ホームページ　http://www.seya-shuppan.jp
印刷所　倉敷印刷株式会社

乱丁・落丁本はお取り替えします。許可なく複製・転載すること、部分的にもコピーすることを禁じます。
Printed in JAPAN ©Hideki Wada